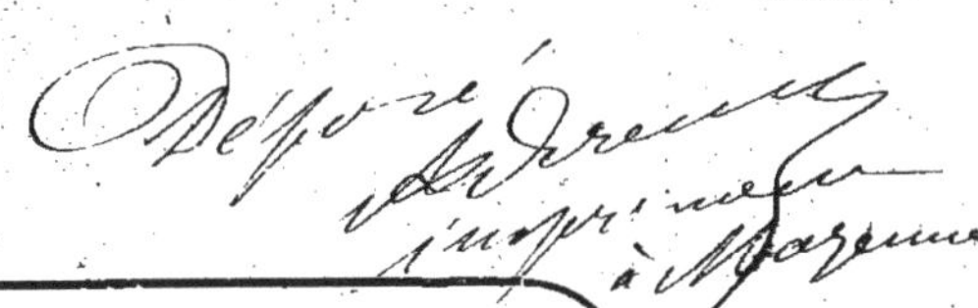

ARITHMÉTIQUE

PAR

E. JULLY,

Ancien Élève de l'Ecole Normale Supérieure,
Ancien Professeur de mathématiques à l'Ecole préparatoire
de Sainte-Barbe,

CHEF D'INSTITUTION A PARIS.

PARIS

Chez DAUVIN, libraire,
passage du Hâvre, 18.

Chez l'AUTEUR,
Rue de Laval, 20,
(Cité Malesherbes, 8.)

1869

ARITHMÉTIQUE.

V

COURS DE MATHEMATIQUES

à l'usage des Candidats aux Ecoles du Gouvernement

ARITHMÉTIQUE

PAR

E. JULLY,

Ancien Elève de l'Ecole Normale Supérieure,
Ancien Professeur de mathématiques à l'Ecole préparatoire
de Sainte-Barbe,

CHEF D'INSTITUTION A PARIS.

PARIS

Chez DAUVIN, libraire,
passage du Hâvre, 18.

Chez l'AUTEUR,
Rue de Laval, 20.
(Cité Malesherbes, 8.)

1869

ARITHMÉTIQUE.

LIVRE PREMIER.

LES NOMBRES ENTIERS.

CHAPITRE PREMIER.

NOMBRE ENTIER. — OBJET DE L'ARITHMÉTIQUE. — NUMÉRATION.

PRÉLIMINAIRES.

1. On appelle *nombre entier* la réunion de plusieurs objets ou de plusieurs individus qui paraissent semblables. — Chacun d'eux reçoit le nom d'*unité*, — par extension on considère l'unité comme un nombre entier.

2. Les trois propriétés suivantes sont évidentes :

1º On peut former un nombre entier quelconque en ajoutant l'unité à elle-même, en ajoutant l'unité au résultat et ainsi de suite.

2º La suite des nombres entiers est illimitée.

3º On peut grouper leurs unités comme on veut.

3. L'arithmétique est l'ensemble des propriétés des

nombres qui servent de base à leur nomenclature, à leur écriture et au calcul.

Numération.

4. *La Numération* comprend les principes de la nomenclature et de l'écriture des nombres, elle se divise en numération parlée et numération écrite.

5. Numération Parlée. — Pour nommer tous les nombres entiers, on donne des noms arbitraires à certains d'entre eux. — Ces nombres sont choisis de manière à obtenir pour les autres un mode de décomposition remarquable qui permet de les nommer tous avec les noms des premiers.

6. Les nombres qui reçoivent des noms arbitraires sont :

1º Les premiers, qu'on appelle : un, deux, trois, quatre, cinq, six, sept, huit, neuf ;

2º Le suivant, que l'on considère en outre comme une nouvelle unité ; on l'appelle *dix* ou *l'unité du second ordre.*

3º Les nombres de dix en dix fois plus grands, à partir de celui-là, que l'on considère également comme de nouvelles unités et qu'on appelle :

$$\begin{array}{lccc}
\text{Cent ou l'unité du } 3^{\text{me}} \text{ ordre.} \\
\text{Mille} & » & » \; 4^{\text{me}} & » \\
\text{Dix mille} & » & » \; 5^{\text{me}} & » \\
\text{Cent mille} & » & » \; 6^{\text{me}} & » \\
\text{Un million} & » & » \; 7^{\text{me}} & » \quad \text{etc.}
\end{array}$$

7. Comme conséquence de ces dénominations, *tout nombre entier est évidemment décomposable en unités de différents ordres, avec la condition que le nombre des unités* *de chaque ordre ne dépasse pas neuf.* — Cette propriété est le *principe de la numération parlée.*

8. D'après cela, pour nommer un nombre entier quelconque, il suffit de le décomposer de cette manière, puis de nommer successivement les nombres d'unités de chaque ordre qu'il renferme. — C'est ce qu'on fait en commençant par les unités les plus élevées.

9. Ce qui précède nous donne la nomenclature connue. Signalons seulement les exceptions consacrées par l'usage:

Au lieu de : dix-un, dix-deux, dix-trois, dix-quatre, dix-cinq, dix-six, dix-sept, deux dizaines, trois dizaines, etc.

On dit : onze, douze, treize, quatorze, quinze, seize, vingt, trente, quarante, etc.

10. Les nombres un, mille, un million, un billion..... etc, s'appellent encore *unités ternaires* du 1er ordre, du 2e ordre, du 3e ordre etc. — Par suite, tout nombre entier est décomposable en unités ternaires de différents ordres, avec un nombre d'unités de chaque ordre inférieur à mille.

11. Systèmes de numération. — Nous venons de voir que les unités de différents ordres sont les nombres de dix en dix fois plus grands. — On pourrait prendre pour unités les nombres de deux en deux fois plus grands, ou les nombres de trois en trois fois plus grands, ou les nombres de douze en douze fois plus grands etc, on aurait ainsi d'autres systèmes de numération. — La *base* d'un système est le nombre des unités d'un ordre que renferme l'unité immédiatement supérieure; suivant que la base est deux, trois, dix, douze....., etc, on a le système binaire, le système ternaire, le système décimal, le système duodécimal etc.

12. Le principe de la numération parlée s'énonce alors d'une manière générale : *tout nombre entier est décomposable en unités de différents ordres, avec un nombre d'unités de chaque ordre inférieur à la base.*

13. Numération écrite. — On simplifie l'écriture des neuf premiers nombres entiers à l'aide des neuf caractères ou chiffres :

$$1, 2, 3, 4, 5, 6, 7, 8, 9.$$

14. Ces caractères fournissent immédiatement une première simplification dans l'écriture des autres ; ainsi, le nombre six mille cinq cent quarante deux peut s'écrire : $6^m 5^c 4^d 2^u$.

15. On simplifie cette forme à l'aide de la *convention* suivante : *Lorsque plusieurs chiffres sont écrits à côté les uns des autres sur une ligne horizontale, le premier chiffre à droite représente des unités du premier ordre, le second représente des unités du second ordre, le troisième des unités du troisième ordre etc.*

Cette convention est le principe de la numération écrite. — Elle donne pour le nombre précédent la forme 6542, que nous adoptons définitivement.

16. Le passage de la forme $6^m 5^c 4^d 2^u$ à la forme 6542 consiste, pour cet exemple particulier, dans la suppression des indices de la première forme. — Or cette suppression peut, dans d'autres cas, produire une confusion qu'il faut éviter. — Considérez par exemple le nombre six cent huit ; vous pouvez l'écrire d'abord sous la forme $6^c 8^u$; si vous supprimez alors les indices, vous obtenez 68 qui, d'après le principe de la numération écrite représente déjà soixante-huit. — On évite cet inconvénient à l'aide d'une nouvelle convention.

17. Le zéro. — *On convient de faire occuper par un zéro la place de chaque ordre manquant, inférieur aux unités les plus élevées du nombre proposé.*

On obtient ainsi pour le nombre *six cent huit* la forme adoptée : 608.

18. Dans le système décimal tous les nombres entiers peuvent s'écrire avec *dix* caractères. — Dans tout système on écrit tous les nombres entiers avec *un nombre de caractères égal à la base.* — Ces caractères sont :

Dans le système binaire,   1,0
Dans le système ternaire,   1,2,0
Dans le système duodécimal 1,2,3,4,5,6,7,8,9,α,β,0

19. Ce qui précède conduit aux règles suivantes relatives au système décimal.

1º Pour énoncer un nombre de trois chiffres au plus, énoncez chaque chiffre, de la gauche vers la droite, en nommant à la suite les unités qu'il représente.

2º Pour énoncer un nombre de plus de trois chiffres, partagez-le en tranches de trois chiffres à partir de la droite, (la dernière à gauche pourra n'avoir qu'un ou deux chiffres), énoncez successivement chaque tranche à partir de la gauche en nommant à la suite les unités ternaires qu'elle représente.

3º Pour écrire un nombre moindre que mille dont le nom est donné, écrivez ses chiffres de la gauche vers la droite en mettant un zéro à la place de chaque ordre manquant inférieur aux unités les plus élevées du nombre.

4º Si le nombre surpasse mille, écrivez, de gauche à droite, les nombres d'unités ternaires des différents ordres, en ayant soin que tous ces nombres (excepté le premier) aient trois chiffres. — On remplit cette condition en mettant des zéros à la droite de ceux qui ont moins de trois chiffres et en écrivant trois zéros à la place de chaque ordre ternaire qui manque.

20. Dans tous les systèmes les unités des différents ordres s'écrivent :

1, 10, 100, 1000..... etc.

CHAPITRE II.

ADDITION.

21. Toutes les opérations de l'arithmétique se ramènent à quatre : l'*Addition*, la *Soustraction*, la *Multiplication*, la *Division des nombres entiers.* — On les appelle pour cette raison les *opérations fondamentales.*

22. Définition. — La somme de plusieurs nombres entiers est le nombre qui contient à lui seul autant d'unités, que tous les autres ensemble.

23. Signe. — On l'indique en mettant le signe ($+$ plus) entre les parties de la somme.

$3 + 4 + 5 + 7$ représente la somme de nombres 3, 4, 5, 7 ; en général $a + b + c + d$ est la somme des nombres réprésentés par a, b, c, d.

24. Définition. — *L'Addition a pour objet de trouver en chiffres, la somme de plusieurs nombres donnés en chiffres, c'est-à-dire de décomposer la somme conformément au principe de la numération parlée, en supposant les parties données sous cette forme.* — Le résultat s'appelle somme ou total.

Pour résoudre complétement la question, il suffit de considérer deux cas.

25. 1er Cas. — *Les données n'ont qu'un chiffre.*

$$6 + 7 + 4 + 3.$$

Il suffit de chercher le nom de la somme et on est ramené à écrire un nombre énoncé. — Le nom de la somme s'obtient en ajoutant successivement à 6 les unités de 7, puis au résultat les unités de 4 et ainsi de suite et en énonçant à chaque fois le résultat trouvé. — On simplifie en s'exerçant à ajouter immédiatement un nombre d'un chiffre à un nombre donné.

26. 2ᵉ Cas. — *Les données ont plusieurs chiffres.* — $785+897+978+896$. — Additionnez les unités, les dizaines, les centaines etc. des nombres proposés, vous trouverez pour la somme la forme suivante :

$$32^c \ 33^d \ 26^u$$

La somme se trouve même décomposée en unités de différents ordres; mais il faut que le nombre des unités de chaque ordre soit inférieur à 10.

Pour remplir cette nouvelle condition, j'observe que 26 unités font 6 unités et 2 dizaines, qui, avec 33 dizaines que vous avez déjà font 35 dizaines;

35 dizaines font 5 dizaines et 3 centaines qui, avec 32 centaines que vous avez déjà font 35 centaines;

Et la somme peut s'écrire 3556, résultat demandé.

27. Remarque. — Ce raisonnement s'applique à tous les systèmes de numération — dans le système duodécimal, par exemple, on additionnera de même les unités des différents ordres, puis on modifiera le mode de groupement des unités, ainsi obtenu, de manière à n'avoir pas plus de onze unités de chaque ordre dans l'expression de la somme.

28. — C'est ainsi qu'on opère dans la pratique en simplifiant et en adoptant pour le calcul cette disposition.

Système décimal	Système duodécimal
785	α62
897	9β8
978	637
896	5$\alpha\beta$
3556	2884

29. DE LA LA RÈGLE. — *Ecrivez les données les unes au-dessous des autres de manière que les unités de chaque ordre soient dans la même colonne verticale, et soulignez.*

Additionnez les unités du premier ordre; si leur somme est inférieure à la base, écrivez-la et vous avez les unités du 1er ordre du total; si elle contient des unités du 2e ordre, écrivez seulement les unités du 1er ordre et retenez les autres.

Additionnez la retenue avec les unités du 2e ordre des nombres proposés; si le résultat est inférieur à la base, écrivez-le à la gauche du précédent et vous aurez les unités du 2e ordre du total; s'il contient des unités du 3e ordre, écrivez seulement celles du 2e ordre et retenez les autres etc.

Continuez ainsi jusqu'aux unités les plus élevées des nombres donnés, additionnez-les avec la retenue précédente et écrivez ce dernier résultat tel que vous l'obtenez.

30. — Pour faire la preuve de l'addition, c'est-à-dire pour en vérifier l'exactitude, recommencez l'opération de bas en haut, si vous l'avez faite de haut en bas.

Principes.

31. — A cette opération se rattachent des principes très simples, qui donnent des transformations importantes. Nous observons d'abord que l'expression $a+b+c+d$

représente une suite déterminée d'opérations; elle signifie qu'il faut ajouter b à a puis c au résultat, puis d au nouveau résultat. — Le signe $(=)$ signifie *égale* et $(>)$ veut dire *plus grand que*.

Une expression entre parenthèse représente le résultat d'opérations effectuées.

32. — Actuellement voici l'énoncé des principes en question, qui sont évidents.

1° *Dans une somme on peut changer l'ordre des parties*
ou bien : $\qquad 3+4+5=5+4+3$
d'une manière générale : $a+b+c+\ldots=c+b+a+\ldots$
(Cette propriété est la base de la preuve précédente).

2° *Pour ajouter une somme, il suffit d'ajouter successivement ses parties.*
ou bien : $\qquad 3+7$ ou $3+(5+2)=3+5+2$
et d'une manière générale : $a+(b+c)=a+b+c$

3° *La somme de deux sommes égale la somme de toutes leurs parties.*

$$(3+4)+(5+2)=3+4+5+2 \; ;$$
$$(a+b)+(c+d)=a+b+c+d.$$

Nota — N'oublions pas que a, b, c, d,..... représentent seulement ici des nombres entiers. — Observons aussi que ces propriétés sont évidemment indépendantes du système de numération adopté pour écrire les nombres.

CHAPITRE III.

SOUSTRACTION.

33. Définition. — La différence de deux nombres est le nombre qu'il faut ajouter au plus petit pour retrouver le plus grand, ou bien, dans le cas des nombres entiers, le nombre qu'on trouve en retranchant du plus grand autant d'unités qu'il y en a dans le plus petit.

34. Signe. — On l'indique en séparant les deux nombres par le signe — (moins). On écrit toujours le plus grand à la gauche du plus petit, ainsi 7—5 représente la différence des deux nombres 5 et 7; $a - b$ représente celle de a et b, en supposant $a > b$.

35. Définition. — *La soustraction a pour objet de trouver en chiffres la différence de deux nombres donnés sous cette forme, le résultat de l'opération s'appelle reste excès ou différence.*

Pour résoudre complètement la question, il suffit de considérer 3 cas.

36. 1er Cas. — *Le plus petit nombre et le reste n'ont qu'un chiffre.* — Exemple 12—7

On obtient facilement le résultat dans ce cas en s'appuyant sur la définition du reste. — On simplifie cette opération en apprenant par cœur les sommes de deux nombres simples.

37. 2e Cas. — *Les deux nombres ont plusieurs chiffres mais ceux du plus grand surpassent les chiffres de même rang du plus petit.* Ex. 786—352

Il suffit évidemment de retrancher successivement 2 unités, 5 dizaines et 3 centaines de 786.

Les 2 unités peuvent être retranchées des six unités de 786, il en reste 4; de même on peut retrancher les 5 dizaines des 8 dizaines de 786, et il en reste 3; Enfin, en retranchant les 3 centaines des 7 centaines du plus grand nombre, on trouve 4, et le reste cherché est 434

On opère ainsi, après avoir écrit le plus petit nombre sous le plus grand de manière que les unités du même ordre se correspondent.

$$786$$
$$352$$
$$\overline{434}$$

38. 3e Cas. — *Les nombres sont quelconques.*
Ex.   647—289.

Pour faire l'opération, je puis retrancher de 647 d'abord 9 unités, puis 8 dizaines et enfin 2 centaines.

Pour retrancher 9 unités, je puis considérer 647 comme formé de 17 unités et de 63 dizaines, en retranchant alors 9 de 17 il reste 8 unités, qui sont les unités du résultat.

Pour retrancher les 8 dizaines, je puis considérer le nombre 63 dizaines comme formé de 5 centaines et 13 dizaines et en retranchant 8 de 13. j'obtiens 5 c'est-à-dire le nombre des dizaines du résultat.

Enfin si vous retranchez 2 de 5 vous aurez le nombre 3 des centaines du résultat, qui est définitivement: 358.

Remarque. — Vous raisonnerez de la même manière dans tout autre système que le système décimal seulement au lieu d'employer les mots unités, dizaines, centaines, vous emploierez les expressions: unités du 1er ordre, unités du 2e ordre etc.

39. — On opère ainsi en simplifiant et en adoptant pour le calcul la disposition précédente.

Système décimal.	Système duodécimal
647	8276
289	$3\alpha\beta2$
358	4384

40. De la la Règle. — *Ecrivez le plus petit des deux nombres au-dessous du plus grand de manière que les unités du même ordre se correspondent — Retranchez ensuite chaque chiffre du plus petit nombre de celui du plus grand qui est au-dessus de lui.*

Si une opération partielle ne peut se faire, rendez-la possible en ajoutant la base du système au chiffre du plus grand nombre ; seulement, avant d'effectuer l'opération élémentaire suivante, diminuez le chiffre du plus grand des deux nombres ou augmentez celui du plus petit d'une unité.

41. — La preuve repose sur la définition du reste — Additionnez le résultat de l'opération et le plus petit des deux nombres, vous devez retrouver le plus grand.

Principes.

42. — Nous énoncerons ici quelques principes simples qui se rattachent à la soustraction et qui donnent des transformations importantes.

1° Pour retrancher une somme d'un nombre, il suffit de retrancher successivement ses parties :

plus simplement : $\qquad 7-(2+3)=7-2-3$

d'une manière générale : $\quad a-(b+c)=a-b-c$

2° Pour ajouter une différence, il suffit d'ajouter son

premier terme et de retrancher le second du résultat obtenu.

plus simplement : $\qquad 7+(6-4)=7+6-4$

généralement : $\qquad a+(b-c)=a+b-c$

3° *Pour retrancher une différence, il suffit de retrancher son premier terme et d'ajouter le second au résultat.*

$\qquad 8-(5-2)=8-5+2 \; ; \quad a-(b-c)=a-b+c$

43. Définition. — $a-b+c-d$ signifie qu'il faut retrancher b de a; ajouter c au résultat; retrancher d du nouveau résultat. — Une pareille expression n'a de sens que si a, b, c, d représentent des nombres tels que les opérations successives soient possibles.

44. Théorème. — *Lorsque des nombres sont réunis par les signes $+$ et $-$, on peut changer l'ordre des opérations pourvu que les nouvelles opérations soient possibles, ainsi que les premières, dans l'ordre où elles sont indiquées.*

prouvons que $8-4+7-2=8-2+7-4$

En effet: $8-4+7-2=8+7-4-2$ (1) car au lieu de retrancher 4 de 8 et d'ajouter 7 au résultat, on peut évidemment ajouter d'abord 7 à 8, puis retrancher 4 de la somme.

$\qquad$ mais $8+7-4-2=8+7-2-4$ (2)

Car retrancher 4 puis 2 revient à retrancher d'abord 2 puis 4.

$\qquad$ Enfin $8+7-2-4=8-2+7-4$ (3)

donc le théorème est démontré.

en général $a-b+c-d=a-d+c-b$

Remarque. — Les transformations précédentes, supposent que a, b, c,..... représentent des nombres entiers convenablement choisis pour que les opérations indiquées soient possibles.

CHAPITRE IV

MULTIPLICATION.

45. DÉFINITION. — Le produit d'un nombre entier par un autre est la somme d'autant de parties égales au premier qu'il y a d'unités dans le second.

(En général une somme dont toutes les parties sont égales entre elles s'appelle un produit ; c'est le produit de l'une des parties par leur nombre).

Ainsi $3+3+3+3$ est le produit de 3 par 4.

46. NOTATION. — On le réprésente plus simplement par la notation 3×4 (3 multiplié par 4)

> 3 s'appelle le Multiplicande
> 4 id. le Multiplicateur

Ce sont encore les Facteurs du produit.

(Le multiplicande occupe toujours la gauche de la notation).

En général, par définition :

$$ab=a+a+\ldots\ldots+a \quad (b \text{ fois}).$$

Le signe $(\times)$ est quelquefois remplacé par un point— on peut le supprimer lorsque les facteurs du produit sont représentés par des lettres.

47. DÉFINITION. — *La multiplication est une méthode abrégée pour faire l'addition, lorsque les parties de la somme sont égales entre elles — ou bien encore pour trouver, en chiffres le produit d'un nombre entier par un autre, ces nombres étant donnés en chiffres.*

Pour résoudre complétement la question, il suffit de considérer 5 cas.

49. 1ᵉʳ Cᴀs. — *Les facteurs n'ont qu'un chiffre.*
Ex. 3×4.

Il suffit d'additionner 4 nombres égaux à 3 — On simplifie en apprenant par cœur tous les produits de deux nombres simples. — Ces produits se trouvent dans la table de multiplication.

Table de Multiplication.

Sᴙsᴛèᴍᴇ Déᴄɪᴍᴀʟ.

1	2	3	4	5	6	7	8	9
2	4	6	8	10	12	14	16	18
3	6	9	12	15	18	21	24	27
4	8	12	16	20	24	28	32	36
5	10	15	20	25	30	35	40	45
6	12	18	24	30	36	42	48	54
7	14	21	28	35	42	49	56	63
8	16	24	32	40	48	56	64	72
9	18	27	36	45	54	63	72	81

Sʏsᴛèᴍᴇ ᴅᴏɴᴛ ʟᴀ ʙᴀsᴇ ᴇsᴛ 7.

1	2	3	4	5	6
2	4	6	11	13	15
3	6	12	15	21	24
4	11	15	22	26	33
5	13	21	26	34	42
6	15	24	33	42	51

La première ligne horizontale de la table contient tous les nombres d'un chiffre (ou inférieurs à la base).

La seconde ligne s'obtient en ajoutant chaque nombre de la première à lui-même.

On forme la 3e ligne en ajoutant chaque nombre de la seconde à celui de la première qui est au-dessus de lui et ainsi de suite.

Ainsi les 2e et 3e..... lignes contiennent les produits des nombres simples par 2,3, etc.

On trouve le produit d'un nombre 4 par un autre 3 dans la 3e ligne horizontale et la 4e ligne verticale.

50. 2e CAS. — *Le multiplicande a plusieurs chiffres et le multiplicateur n'en a qu'un.* Ex. 936×8

Multipliez les unités, les dizaines, les centaines du multiplicande par 8, vous trouvez une forme du produit 72 cent. 24 diz. 48 un. dans laquelle il est décomposé en unités de différents ordres — mais vous voulez une forme dans laquelle le nombre des unités de chaque ordre soit inférieur, à la base 10 — Vous l'obtenez immédiatement en raisonnant comme dans le cas de l'addition. — C'est 7488. — (Ceci s'applique à tous les systèmes).

51. On opère ainsi en simplifiant et en disposant le calcul comme il suit.

SYSTÈME DÉCIMAL		SYSTÈME DONT LA BASE EST 7
936	Mult^{de}	362
8	Mult^r	4
7488	Produit	2144

52. DE LA LA RÈGLE. — Ecrivez le multiplicateur au-dessous du multiplicande et tirez un trait, sous lequel vous mettrez le produit.

Multipliez le 1er chiffre du Multiplicande par le

Multiplicateur, si le résultat est inférieur à la base, vous avez le premier chiffre du produit — s'il contient des unités du second ordre, retenez-les et écrivez seulement celles du premier.

Multipliez le second chiffre du multiplicande par le multiplicateur et ajoutez à ce produit la retenue précédente; si le nombre ainsi formé est inférieur à la base, vous avez le second chiffre du produit; sinon écrivez seulement ses unités du 2e ordre et retenez celles du 3^c etc.

Faites de même pour les unités les plus élevées du multiplicande et écrivez le dernier résultat comme vous l'obtenez.

53. 3e Cas. — *Le multiplicande est quelconque et le multiplicateur est l'unité d'un certain ordre.* Ex. 64×100.

Il suffit évidemment d'après le principe de la numération écrite de placer 2 zéros à la droite du multiplicande
6400.

C'est ainsi qu'on opère.

54. 4^c Cas. — *Le multiplicande est quelconque et le multiplicateur est un chiffre suivi de plusieurs zéros.* —
Ex. 46×300.

On ramène immédiatement l'opération aux deux précédentes en observant que pour avoir 300 fois 48 il suffit de former le nombre qui contient 3 fois 48 et de répéter ce résultat 100 fois.

On trouve ainsi : 1° 13800 s'il s'agit du système décimal; 2° 20400 s'il s'agit du système dont la base est 7.
La règle s'énonce facilement.

55. 5e Cas. — *Les facteurs ont plusieurs chiffres.* —
Ex. 364×643.

On ramène l'opération aux précédentes en observant que pour avoir 643 fois 364, il suffit de prendre 3 fois

364, puis 40 fois 364 enfin 600 fois 364 et d'additionner les 3 résultats.

Dans le système décimal :

$$364 \times 3 \qquad \text{donne} : \quad 1092$$
$$364 \times 40 \qquad\qquad\qquad 1456\emptyset$$
$$364 \times 600 \qquad\qquad\qquad 21840\emptyset$$

la somme des nombres ou le produit est :   234052

Dans le système de base 7 :

$$364 \times 3 \qquad \text{donne} : \quad 1455$$
$$364 \times 40 \qquad\qquad\qquad 2152\emptyset$$
$$364 \times 600 \qquad\qquad\qquad 3243\emptyset\emptyset$$

Et le produit est :   350605

On opère de cette manière seulement on se dispense d'écrire les zéros qui doivent se trouver à la droite du 2e du 3e etc, produit partiel. — De plus on adopte la disposition suivante :

Système décimal		Système de base 7
364	Multiplicande	364
643	Multiplicateur	643
1092		1455
1456		2152
2184		3243
234052		350605

56. DE LA LA RÈGLE. — *Après avoir écrit les deux facteurs comme on vient de le dire, multipliez le multiplicande successivement par chaque chiffre du multiplicateur et écrivez ces produits partiels les uns au-dessous des autres de manière que le 1er chiffre de chacun d'eux se trouve sous le chiffre correspondant du multiplicateur ; soulignez, additionnez et vous avez le produit.*

57. SIMPLIFICATION. — *Dans le cas où les facteurs sont terminés par des zéros.*

$$\text{Ex.} \quad 3600 \times 3000.$$

Il suffit de multiplier 36 par 3 et d'écrire 5 zéros à la droite du produit.

En effet pour avoir 3000 fois 3600 il suffit de prendre 3 fois 3600 et de répéter le résultat 1000 fois. — Mais pour répéter 3600 ou 36 unités du 3e ordre 3 fois, il suffit de répéter 3 fois 36 et de faire exprimer au résultat des unités du 3e ordre, c'est-à-dire de mettre 2 zéros sur sa droite donc *il suffit de multiplier 36 par 3 et de mettre sur la droite du produit autant de zéros qu'il y en a dans les deux facteurs.*

58. THÉORÈME. — *Dans un produit de deux facteurs on peut changer l'ordre des facteurs ou* $3 \times 4 = 4 \times 3$.

En effet

$$3 = 1 + 1 + 1$$

donc

$$3 \times 4 = 4 + 4 + 4 = 4 \times 3 \qquad \text{C. Q. F. D.}$$

d'une manière générale, $ab = ba$.

59. Ce principe permet de faire la preuve de la multiplication. On recommence l'opération en prenant le multiplicateur pour multiplicande (ceci s'applique évidemment à tous les systèmes).

On peut établir encore les principes suivants qui donnent des transformations importantes.

60. THÉORÈME. — *Le produit d'une somme par un nombre égale la somme des produits des parties du multiplicande par le multiplicateur.*

Par exemple prouvons que

$$(3 + 4 + 5)\, 2 = 3 \times 2 + 4 \times 2 + 5 \times 2.$$

En effet, pour doubler une somme, il suffit évidemment de doubler chacune de ses parties.

En général :

$$(a+b+c)\ m=am+bm+cm.$$

61. Théorème. — *Le produit d'un nombre par une somme égale la somme des produits du multiplicande par les parties du multiplicateur.*

Je dis qu'on a :

$$4\ (3+2)=4\times 3+4\times 2.$$

En effet :

$$4\ (3+2)=(3+2)\ 4$$

(on peut intervertir l'ordre des facteurs).

$$=3\times 4+2\times 4$$

(en vertu du théorème précédent).

$$4\ (3+2)=4\times 3+4\times 2. \qquad \text{C. Q. F. D.}$$

En général :

$$m\ (a+b)=ma+mb.$$

62. Théorème. — *Le produit de deux sommes égale la somme des produits des parties du multiplicande par celles du multiplicateur.*

En effet :

$$(3+4)(5+6)=(3+4)\ 5+(3+4)\ 6.$$
$$=3+5+4\times 5+3\times 6+4\times 6$$
$$\text{C. Q. F. D.}$$

En général :

$$(a+b)(c+d)=ac+bc+ad+bd.$$

63. Théorème. — *Le produit d'une différence par un nombre égale la différence des produits des termes du multiplicande par le multiplicateur.*

Car $(5-2)\ 3 = (5-2)+(5-2)+(5-2)$ par définition.
$$= 5-2+5-2+5-2$$
$$= 5+5+5-2-2-2$$
$$= 5\times 3-2\times 3. \qquad \text{C. Q. F. D.}$$

En général :

$$(a-b)\ m = am-bm.$$

64. Théorème. — *Le produit d'un nombre par une différence égale la différence des produits du multiplicande par les termes du multiplicateur.*

Car

$$3\ (7-4) = (7-4)\ 3 = 7\times 3-4\times 3$$
$$= 3\times 7-3\times 4 \qquad \text{C. Q. F. D.}$$

En général :

$$m\ (a-b) = ma-mb.$$

65. Théorème. — *Le produit d'une différence par une autre s'obtient en réunissant par les signes $+$ et $-$ les produits des termes du multiplicande par ceux du multiplicateur. — On mettra le signe $+$ devant les produits de deux termes précédés du même signe et $-$ devant les autres.*

Car

$$(7-2)\ (5-3) = (7-2)\ 5-(7-2)\ 3$$
$$= 7\times 5-2\times 5-7\times 3+2\times 3$$
$$\text{C. Q. F. D.}$$

En général :

$$(a-b)\ (c-d) = ac-bc-ad+bd.$$

66. Les transformations précédentes supposent bien entendu que a, b, c..... représentent des nombres entiers et que les soustractions indiquées sont possibles.

CHAPITRE V.

DIVISION.

67. Définition. — *La division est une méthode abrégée pour trouver combien de fois un nombre appelé dividende en contient un autre appelé diviseur.* — *Le résultat de l'opération s'appelle quotient*; le signe de la division est : divisé par.

68. Définition du reste. — Le reste de la division est le nombre qu'on trouve en retranchant le diviseur du dividende autant de fois que possible ou bien encore, c'est la différence entre le dividende et le produit du diviseur par le quotient.

Cette définition peut s'écrire : $R = A - BQ$ (1).

En représentant par R, A, B, Q, le reste, le dividende, le diviseur et le quotient.

Si la division se fait exactement, on a :

$$A - BQ = 0 \text{ ou } A = BQ \text{ (2)}.$$

Le quotient est alors *le nombre qui multiplié par le diviseur reproduit le dividende.* — Cette propriété servira plus tard de définition au quotient en général.

On peut écrire la relation (2) $A = QB$ (3).

On voit alors que le quotient est égal à l'une des parties du dividende partagé en autant de parties égales qu'il y a d'unités dans le diviseur.

69. Le nombre des chiffres du quotient s'obtient facilement en multipliant le diviseur par 10, 100, 1000..... jusqu'à ce que le produit obtenu surpasse le dividende, on reconnait ainsi que *le nombre des chiffres du quotient* *est égal au plus petit nombre de zéros qu'il faut mettre à la droite du diviseur pour avoir un produit supérieur au dividende.*

70. Tous les cas possibles de la division se ramènent à *trois.*

71. 1er Cas. — *Le quotient et le diviseur sont des nombres d'un chiffre.* Ex. 38:7.

La table de multiplication donne immédiatement le quotient, quand on ne sait pas par cœur les produits de deux nombres simples.

72. 2e Cas. — *Le quotient n'a qu'un chiffre et le diviseur en a plusieurs* . 5915:847.

Il suffit de multiplier le diviseur par 1, 2, 3, 4..... jusqu'à ce qu'on trouve un produit supérieur au dividende; le multiplicateur précédent est le quotient.

Mais on simplifie cette manière d'opérer en cherchant une limite supérieure du quotient et en formant les multiples décroissants du diviseur à partir de cette limite. — Le calcul de un ou deux multiples du diviseur suffit pour obtenir le quotient.

Pour avoir une limite supérieure du quotient il suffit de diviser le dividende par 800; d'un autre côté le quotient de 5915 par 800 est le même que celui de 59 par 8; en effet, le quotient de 59 par 8 est 7 c'est-à-dire qu'on a :

$$8 \times 7 < 59 < 8 \times 8 \quad (1).$$

Et les deux derniers nombres (59 et 8×8) diffèrent au moins de 1 ; donc on a aussi :

$$800 \times 7 < 5900 < 800 \times 8 \quad (2).$$

Et les deux derniers nombres de cette nouvelle inégalité

diffèrent au moins de 100, dès lors si on ajoute 15 à 5900 on aura :

$$800 \times 7 < 5915 < 800 \times 8 \qquad C. \ Q. \ F. \ D.$$

Ainsi en divisant 59 par 8 on a une limite supérieure du quotient.

On multiplie, comme nous l'avons déjà dit, le diviseur par cette limite et si le produit peut être retranché du dividende, on a le quotient cherché, sinon on multiplie le diviseur par les chiffres inférieurs jusqu'à ce qu'on trouve un produit inférieur au dividende, le multiplicateur correspondant est le quotient.

73. Disposition du calcul

dividende	diviseur
5915	847
5082	6 quotient.
Reste 833	

74. SIMPLIFICATION. — On n'écrit pas 5082 sous le dividende, on retranche successivement du dividende, à mesure qu'on les obtient, les produits des unités, dizaines etc., du diviseur par le quotient ; à cet effet on ajoute à chaque chiffre du dividende le nombre de dizaines nécessaire et suffisant pour rendre la soustraction possible seulement on ajoute le même nombre d'unités au produit à soustraire dans l'opération suivante :

Le tableau se réduit à :

5915	847
833	6

75. Ce qui précède s'applique évidemment à tous les systèmes et conduit à la règle suivante :

76. RÈGLE. — *Prenez sur la gauche du dividende le nombre qui contient au moins une fois et moins de dix fois le 1er chiffre à gauche du diviseur ; divisez-le par ce chiffre et multipliez le diviseur par le quotient trouvé ;*

si le produit est inférieur au dividende, vous avez le quotient cherché, sinon multipliez le diviseur par le chiffre inférieur au chiffre trouvé, puis par le suivant etc., jusqu'à ce que vous obteniez un produit plus faible que le dividende ; le multiplicateur correspondant sera le quotient cherché.

77. 3e Cas. — *Le quotient a plusieurs chiffres.* Ex : 8982:26.

On ramène l'opération au cas précédent à l'aide de 2 principes.

78. Théorème. — *Si on prend sur la gauche du dividende le nombre 89 qui contient le diviseur au moins une fois et moins de dix fois, en le divisant par le diviseur on a le chiffre des plus hautes unités du quotient.*

Le quotient de 89 par 26 est 3, donc :

$$26 \times 3 \leqq 89 < 26 \times 4 \quad (1).$$

Et les 2 derniers nombres diffèrent au moins d'une unité.

On a aussi : $26 \times 300 \leqq 8900 < 26 \times 400 \quad (2).$

Et les deux derniers nombres diffèrent au moins de 100, par suite en ajoutant 82 au 2e, on a encore :

$$26 \times 300 < 8982 < 26 \times 400.$$

Cette inégalité prouve que 3 est le chiffre des centaines du quotient.   C. Q. F. D.

79. Théorème 2. — *Si, après avoir trouvé le 1er chiffre du quotient, on multiplie le diviseur par ce chiffre, qu'on retranche le produit de la partie à gauche du dividende, qu'on abaisse à la droite du reste les autres chiffres du dividende en divisant le nombre ainsi formé par le diviseur, on a les autres chiffres du quotient.*

Soit b le nombre formé par les unités et les dizaines du quotient, celui-ci égale $300+b$ et on a :
$$8982=26 (300+b)+R$$
donc :
$$8982=26 \times 300+26\ b+R$$
Retranchant des 2 côtés
$$26 \times 300$$
$$8982—7800 \text{ ou } 1182=26\ b+R$$
Or R est moindre que 26, donc b est le quotient de 1182 par 26,   C. Q. F. D.

80. Ceci posé, cherchons le quotient de 8982 par 26.

Je divise 89 par 26, j'ai 3 qui est le chiffre le plus élevé du quotient. Je multiplie 26 par 3, (78); je retranche de 89, (11); j'écris 82 à la droite du reste (1182), et je divise 118 par 26 ; je trouve 4 qui est le chiffre des dizaines du quotient.

Je multiplie 26 par 4, (104); je retranche de 118, (14); j'écris 2 à la droite du reste, (142); en divisant ce nombre par 26, je trouve 5 qui est le chiffre des unités. — Je multiplie 26 par 5, (130) et je retranche de 142; le reste 12 est le reste de la division, le quotient est 345.

Disposition du calcul :

8982	26
1182	
142	345
12	

81. DE LA LA RÈGLE. — *Prenez sur la gauche du dividende autant de chiffres qu'il en faut pour contenir le diviseur au moins une fois et moins de 10 fois, vous aurez le 1er dividende partiel; divisez-le par le diviseur, vous aurez le premier chiffre du quotient. Multipliez le diviseur par ce chiffre et retranchez le produit du 1er dividende partiel, vous aurez un reste; à sa droite mettez* *le chiffre suivant du dividende, vous avez le 2ᶜ dividende partiel ; divisez-le par le diviseur et vous aurez le 2ᶜ chiffre du quotient. Continuez ainsi jusqu'à ce que tous les chiffres du dividende aient été abaissés. Si un dividende partiel est plus petit que le diviseur écrivez zéro au quotient et abaissez le chiffre suivant du dividende à la droite de ce dividende partiel pour former le suivant.*

Cette règle s'applique à tous les systèmes de numération.

82. LA PREUVE repose sur la définition du reste ; multipliez le diviseur par le quotient, ajoutez le reste au produit et vous devrez retrouver le dividende.

83. SIMPLIFICATION DANS LE CAS OU LE DIVISEUR N'A QU'UN CHIFFRE. — On forme de tête les dividendes partiels et on n'écrit que le quotient.

84. SIMPLIFICATION QUAND LE QUOTIENT A BEAUCOUP DE CHIFFRES. — On se sert avec avantage du tableau des neuf premiers multiples du diviseur.

85. La preuve de la multiplication peut se faire en divisant le produit par un des facteurs, on doit retrouver l'autre.

CHAPITRE VI.

PRODUITS & PUISSANCES.

86. DÉFINITION. — Un produit de plusieurs facteurs est le résultat qu'on obtient en faisant le produit de deux d'entr'eux, le multipliant par un 3e, multipliant ce dernier par un 4e.

NOTATION. — $3\times4\times6\times5$ signifie qu'il faut multiplier 3 par 4, le résultat par 6, le nouveau résultat par 5, etc. d'une manière générale, $abcd$ est le produit de a par b, par c, par d etc.

87. *On peut évidemment dans un pareil produit remplacer deux ou plus des premiers facteurs par leur produit effectué.*

Car on peut toujours faire une partie des opérations et se contenter d'indiquer les autres.

$$3\times4\times5\times7 = 12\times5\times7; \qquad abcde = (abc)\, de.$$

88. THÉORÈME. — *Un produit ne change pas avec l'ordre de ses facteurs.*

1° *Dans un produit de 3 facteurs on peut changer l'ordre des 2 derniers* $\quad 3\times4\times2 = 3\times2\times4.$

Car

$$3\times4 = 3+3+3+3$$
$$3\times4\times2 = 3\times2+3\times2+3\times2+3\times2$$
$$= 3\times2\times4 \qquad \text{C. Q. F. D.}$$

d'une manière générale : $abc = acb$

2° *Dans un produit de plus de 3 facteurs, on peut changer l'ordre des 2 derniers,*

Car $\quad 3.4.5.6. = 12.5.6 = 12.6.5 = 3.4.6.5$

3° *Dans un produit de plusieurs facteurs on peut changer l'ordre de 2 facteurs consécutifs.*

en effet :

$$3 \times 5 \times 2 = 3 \times 2 \times 5$$

donc :

$$3 \times 5 \times 2 \times 4 \times 7 = 3 \times 2 \times 5 \times 4 \times 7$$

en général : $abcde = acbde$.

4° *Dans un produit on peut changer comme on veut le rang d'un facteur.*

En effet, on peut le mettre à la place de l'un des voisins, et ainsi de suite de proche en proche

$$abcde = adbce.$$

89. THÉORÈME. — *Pour multiplier un nombre par un produit il suffit de le multiplier par un des facteurs, de multiplier le résultat par un 2⁰ facteur etc.*

$$3(5 \times 7) = 3 \times 5 \times 7.$$

En effet :

$$3(5 \times 7) = (5 \times 7) \, 3 = 5 \times 7 \times 3 = 3 \times 5 \times 7.$$
$$a \, (bcd) = abcd.$$

90. THÉORÈME. — *Le produit de deux produits égale le produit de leurs facteurs*

$$(3 \times 4) \, (5 \times 6) = 3 \times 4 \times 5 \times 6.$$

Car

$$(3 \times 4) \, (5 \times 6) = (3 \times 4) \, 5 \times 6.$$
$$= 3 \times 4 \times 5 \times 6.$$
$$(ab) \, (cde) = abcde.$$

91. THÉORÈME. — *Si on multiplie le dividende et le diviseur (les termes) d'une division par un même facteur, le quotient ne change pas et le reste est multiplié par ce facteur.*

J'appelle A le dividende, B le diviseur, Q le quotient, R le reste;

$$A = BQ + R$$

donc:

$$Am = (BQ + R)\, m$$
$$Am = Bm\, Q + Rm.$$

Comme R est moindre que B, Rm est moindre que Bm et Q exprime combien de fois Bm est contenu dans Am.

C. Q. F. D.

92. Théorème. — *Pour diviser un produit par un de ses facteurs, il suffit de supprimer ce facteur.*

1° 3×4 égale 3 répété 4 fois, donc le quotient par 3 est 4.

2° $3 \times 4 = 4 \times 3$, donc le quotient par 4 est 3.

3° $3 \times 5 \times 7 \times 6 = (3 \times 7 \times 6)\, 5$, donc le quotient de ce produit par 5 est $3 \times 7 \times 6$.

En général le quotient de $abcd$ par b est acd.

Corollaire. — *Pour diviser un produit par un diviseur d'un de ses facteurs, il suffit de diviser ce facteur par son diviseur.*

On appelle diviseur d'un nombre un autre nombre qui y est contenu exactement.

Puissances.

93. *Le produit de plusieurs facteurs égaux est une puissance du facteur.*

On remplace dans ce cas la notation ordinaire par une autre plus simple.

Au lieu de

$$4 \times 4 \times 4 \times 4 \times 4$$

on écrit:

$$4^5,$$

5 est l'exposant de la puissance il en marque le degré.

$$a^m = aaa \ldots\ldots a. \ (m \text{ facteurs}).$$

94. THÉORÈME. — *Le produit de deux puissances du même nombre égale la puissance de ce nombre qui a pour exposant la somme de leurs exposants.*

$$3^4 \times 3^2 = 3^{4+2}.$$

Car $3^4 \times 3^2$ est le produit de 2 produits, c'est donc le produit de tous leurs facteurs.

Il en serait de même s'il y avait plus de deux facteurs.

En général :

$$a^m . \, a^p . a^q = a^{m+p+q}.$$

95. THÉORÈME. — *Le quotient d'une puissance par une autre puissance du même nombre est la puissance de ce nombre qui a pour exposant la différence entre l'exposant du dividende et celui du diviseur.*

$$4^5 : 4^2 = 4^{5-2}$$

Car en multipliant 4^2 par 4^{5-2} on trouve 4^5.

En général :

$$a^m : a^p = a^{m-p}.$$

96. THÉORÈME. — *Pour élever une puissance d'un nombre à une puissance, il suffit de faire le produit des exposants et de le donner pour exposant au nombre.*

$$(4^3)^2 = 4^3 \times 4^3 = 4^{3+3} = 4^{3 \times 2}.$$

$$(a^m)^p = a^{mp}.$$

97. THÉORÈME. — *Une puissance d'un produit égale le produit des puissances du même degré des facteurs.*

$$(5 \times 4 \times 2)^3 = 5^3 \times 4^3 \times 2^3$$
$$(5.4.2)^3 = 5.4.2.5.4.2.5.4.2$$
$$= 5.5.5.4.4.4.2.2.2$$
$$= 5^3 \, 4^3 \, 2^3$$
$$(abc)^m = a^m \, b^m \, c^m$$

98. THÉORÈME. — *Le nombre des chiffres d'un produit*

a pour limite supérieure le nombre des chiffres des facteurs et pour limite inférieure le nombre de ces chiffres diminué du nombre des facteurs plus 1.

Soient A, B, C,.......... les facteurs

         m, p, q,.......... les nombres respectifs de leurs chiffres

on a :

$$10^{m-1} \leqq A < 10^{m}$$

$$10^{p-1} \leqq B < 10^{p}$$

$$10^{q-1} \leqq C < 10^{q}$$

d'où : $10^{m+p+q-3} \leqq ABC < 10^{m+p+q}$

Le produit ABC est donc compris entre le plus petit nombre de $m+p+q+1$ chiffres et le plus petit nombre de $m+p+q-3+1$ chiffres, donc il a au moins $m+p+q-3+1$ chiffres et au plus $m+p+q$ chiffres.

C. Q. F. D.

99. Théorème. — *Pour diviser un nombre par un produit il suffit de le diviser par un des facteurs, de diviser le quotient par un 2ᵉ facteur, le nouveau quotient par un 3ᵉ etc.*

Soit N le nombre, *abc* le produit, q, q', q'', les quotients successifs, r, r', r'' les restes :

$$(1)\ N = aq + r \qquad , \qquad r \leqq a-1$$

$$(2)\ q = bq' + r' \qquad , \qquad r' \leqq b-1$$

$$(3)\ q' = cq'' + r'' \qquad , \qquad r'' \leqq c-1$$

Alors on peut écrire :

$$N = a\,(bq'+r')+r = abq'+ar'+r$$

3

et aussi :

$$N = ab\,(cq'' + r'' + ar' + r)$$
$$= abc.\,q'' + abr'' + ar' + r$$

Pour prouver que q'' est le quotient de N par abc, il suffit de prouver que

$$abr'' + ar' + r < abc.$$

Or on a :

$$r'' \leqq c-1 \quad \text{d'où} \quad abr'' \leqq abc - ab$$
$$r' \leqq b-1 \quad \text{»} \quad ar' \leqq ab - a$$

enfin :

$$r \leqq a-1$$

d'où :

$$abr'' + ar' + r \leqq abc - 1 \qquad \text{C. Q. F. D.}$$

CHAPITRE VII.

DIVISIBILITÉ.

100. Tout nombre qui en divise un autre exactement est un *diviseur* de ce nombre. — Celui-ci est un *multiple* du premier ou une somme de termes égaux au premier.

101. Théorème. — *Tout diviseur (3) de plusieurs nombres (24, 12, 9) divise leur somme.* Car ces nombres sont des sommes de parties égales à 3, donc leur somme est une somme de parties égales à 3.

102. Théorème. — *Tout diviseur (3) d'un nombre (9) divise son multiple* (9×6). Car 9×6 est la somme de 6 nombres égaux à 9.

103. Théorème. — *Tout diviseur (4) de deux nombres (24 et 16) divise leur différence.*

En effet, la différence de 2 sommes dont les parties sont égales à 4 est une somme de parties égales à 4.

104. Théorème. — *Tout diviseur (d) de deux nombres (A et B) divise le reste R de leur division.*

Car $$R = A - BQ$$

d divisant A et B divise BQ et par suite la différence A — BQ ou R.

105. Théorème. — *Si deux nombres* A *et* B *diffèrent par un multiple d'un 3ᶜ d, en les divisant par le 3ᶜ on a des restes égaux.*

Soit $$B = A + md$$

Pour avoir le reste de la division de B par d il suffit de retrancher d de B autant de fois que possible. Pour cela, il suffit de le retrancher d'abord m fois, ce qui donne A, puis de le retrancher de A autant de fois que possible. — Mais cette dernière opération donne le reste de la division de A par d; donc le théorème est démontré.

106. Théorème. — *Réciproquement si deux nombres A, B divisés par un 3e (d) donnent des restes égaux (r) leur différence est un multiple du 3e.*

En effet

$$A = dA' + r \ , \ B = dB' + r$$

donc

$$A - B = dA' + r - dB' - r$$
$$A - B = d\,(A' - B') \qquad\qquad \text{C. Q. F. D.}$$

107. Reste de la division par la base 10 du système de numération et par ses puissances 100, 1000 etc.

En décomposant un nombre entier en unités du 1er ordre et en unités du 2e ordre, on voit immédiatement que le reste de la division du nombre par 10 est son premier chiffre à droite.

En le décomposant en unités du 1er ordre et en unités du 3e, on reconnaît que le reste de la division par 100 ou 10^2 est le nombre donné par les deux premiers chiffres à droite etc.

En général le reste de la division par 10^m est le nombre formé par les m premiers chiffres à droite.

Conséquence. — Pour qu'un nombre soit divisible par 10, 10^2..... 10^m, il faut et il suffit qu'il soit terminé par un zéro..... par 2 zéros, par m zéros.

108. Reste de la division par un des diviseurs de la base (dans le système décimal par 2 ou 5).

Il est le même que celui du premier chiffre à droite du nombre.

En effet
$$327 = 320 + 7 = m.10 + 7$$
Si d est un diviseur de 10, $m.10 = m'd$ et on a
$$327 = m'd + 7$$
La différence des 2 nombres 327 et 7 étant divisible par d, les deux nombres donnent le même reste quand on les divise par d.

Conséquence. — Pour que 327 soit divisible par d il faut et il suffit que 7 le soit.

Application au système décimal. — 1° pour qu'un nombre soit divisible par 2, il faut et il suffit que son premier chiffre à droite soit divisible par 2. — Les nombres divisibles par 2 sont appelés nombres pairs, leur forme générale est $2m$. — Les autres sont dits impairs.

2° Pour qu'un nombre soit divisible par 5, il faut et il suffit que son premier chiffre à droite soit 0 ou 5.

109. Reste de la division par 2^2 ou 5^2 et en général par le carré d'un diviseur de la base.

Il est le même que celui du nombre formé par les deux premiers chiffres à droite du nombre proposé.

En effet, par exemple :
$$347 = 300 + 47$$
$$= 100m + 47$$
$$347 = 10^2 m + 47$$
Les deux nombres 347 et 47 diffèrent par un multiple du carré de la base ou par un multiple du carré de l'un quelconque de ses diviseurs, donc ils donnent le même reste quand on les divise par ce carré.

Conséquence. — Pour qu'un nombre soit divisible par le carré d'un des diviseurs de sa base, il faut et il suffit que ce carré divise le nombre formé par les deux premiers chiffres à droite du proposé. — Dans le système décimal ceci s'applique à 4 et à 25; dans le système duodécimal au carré de chacun des diviseurs de 12 etc.

110. RESTE DE LA DIVISION PAR 2^m, 5^m, ET EN GÉNÉRAL PAR LA M^{ieme} PUISSANCE D'UN DIVISEUR DE LA BASE.

Il est le même que celui du nombre formé par les m premiers chiffres à droite du proposé.

En effet en appelant N le nombre proposé on peut l'écrire

$$N = 10^m K + N'$$

N' étant le nombre formé par les m premiers chiffres à droite de N. — Cette égalité démontre le théorème.

CONSÉQUENCE. — Pour que N soit divisible par la m^{ieme} puissance d'un des diviseurs de la base, il faut et il suffit que N' le soit. — Ceci s'applique à 2^m, 5^m, dans le système décimal; à 2^m, 3^m, 6^m....., dans le système duodécimal, etc.

111. THÉORÈME. — *Tout nombre entier diffère de la somme de ses chiffres par un multiple du nombre immédiatement inférieur à la base du système dans lequel il est écrit* — (9, dans le système décimal; onze ou β dans le système duodécimal etc).

En effet

$$1^o \quad 1000 = 1110 - 110 = 1110 - 111 + 1$$
$$= 111 (10 - 1) + 1 = m (10 - 1) + 1$$
$$\text{C. Q. F. D.}$$

$$2^o \quad 500 = 100 \times 5 = [m (10 - 1) + 1] 5$$
$$= M (10 - 1) + 5 \qquad \text{C. Q. F. D.}$$

$$3^o \quad 697 = 600 + 90 + 7$$
$$= m (10 - 1) + 6 + m' (10 - 1) + 9 + 7$$
$$= M (10 - 1) + 6 + 9 + 7 \qquad \text{C. Q. F. D.}$$

112. RESTE DE LA DIVISION PAR $(10-1)$. — *Il est le*

même que celui de la somme des chiffres du nombre proposé. — Cela résulte du théorème précédent.

Conséquence. — Pour qu'un nombre soit divisible par $(10-1)$, il est nécessaire et suffisant que la somme de ses chiffres le soit.

113. Remarque. — Ce qui précède s'applique évidemment à tous les diviseurs de $(10-1)$ (en particulier à 3 dans le système décimal, à 2 et à 3 dans le système dont la base est 7 etc).

114. Théorème. — *Tout nombre entier est égal à un multiple de 11, plus la somme de ses chiffres de rang impair, moins la somme de ses chiffres de rang pair (le caractère 11 représente onze dans le système décimal et il représente la base plus 1, dans tout autre système).*

$1^o\ 10000 = 1111\ (10-1)+1 = (1100+11)\ (10-1)+1$
$\qquad = 11\ m+1$

$2^o\ 60000 = (11\ m+1)\ 6 = 11\ m'+6$

$3^o\ \ \ 1000 = (11\ m+1)\ 10 = 11\ m'+10 = 11\ m'+11-1$
$\qquad = 11\ m''-1$

$4^o\ \ \ 7000 = (11\ m'-1)\ 7 = 11\ m''-7$

$5^o\ \ \ 6859 = 6000+800+50+9$
$\qquad = 11\ m-6+11\ m'+8+11\ m''-5+9$

$\ \ 6859 = 11\ m''+(9+8)-(5+6)$ $\qquad$ C. Q. F. D.

En général
$$N = 11\ m+S_i-S_p$$

En appelant N le nombre proposé, désignant par S_i la la somme de ses chiffres de rang impair et par S_p celle des chiffres de rang pair.

115. Reste de la division par 11. — 1° Si on a: $S_i > S_p$ la différence S_i-S_p et le nombre N diffèrent par un multiple de 11 et on obtient le reste de la division de N par 11 en cherchant celui de S_i-S_p. — 2° Si on a $S_i < S_p$, on pourra toujours prendre un multiple de 11, dans celui qui précède S_i, tel qu'en l'ajoutant à S_i on ait un nombre supérieur à S_p. — La différence entre cette somme et S_p donnera le reste de la division de N par 11.

CONSÉQUENCE. — Pour que N soit divisible par 11 il faut et il suffit que la différence des deux nombres S_i et S_p soit divisible par 11.

Preuves des opérations fondamentales.

116. La preuve de l'addition peut se faire en vérifiant la propriété suivante :

117. THÉORÈME. — *Si on divise plusieurs nombres A, B, C, par un même nombre d, et qu'on obtienne des restes a, b, c, la somme des nombres et celle des restes ont pour différence un multiple du diviseur :*

En effet :
$$A = dA' + a, \ B = dB' + b, \ C = dC' + c$$
donc
$$A + B + C = dm + (a + b + c) \qquad \text{C. Q. F. D.}$$

118. D'après cela, pour reconnaître l'exactitude d'une addition vous chercherez les restes a, b, c et le reste de leur somme, il devra être égal au reste du total. — Les diviseurs qu'on emploie de préférence sont $(10 - 1)$ et $(10 + 1)$. — Le plus simple à utiliser est évidemment $(10 - 1)$ (9 dans le système décimal).

119. Pour la soustraction ; on vérifie, comme dans le cas précédent que le plus grand des deux nombres est la somme du plus petit et du résultat trouvé.

120. La preuve de la multiplication peut se faire à l'aide de la propriété suivante :

121. Théorème. — *Si on divise par un nombre d les facteurs A, B, C..... d'un produit, le produit ABC et celui des restes abc, ont pour différence un multiple de d.*

1º Cas de deux facteurs

$$A = dA' + a, \ B = dB' + b$$

donc

$$A\,B = (dA' + a)\,(dB' + b) = d^2 A'B' + adB' + bdA' + ab$$
$$A\,B = dm + ab \qquad \text{C. Q. F. D.}$$

2º Cas d'un nombre quelconque de facteurs. — On prouve facilement que si la loi est vraie pour $(n - 1)$ facteurs elle l'est pour n facteurs. Il en résulte qu'elle est générale.

122. D'après cela A B C et abc donnent le même reste quand on les divise par d. En vérifiant cette propriété, on fait la preuve de la multiplication.

123. Pour vérifier la division on peut s'appuyer sur le principe suivant:

124. Théorème. — *Si on divise le diviseur B, le quotient Q et le reste R par un nombre d, et si on trouve les restes b, q, r la somme $bq + r$ et le dividende A ont pour différence un multiple de d.*

En effet:.

$$BQ = dm + bq \ \text{et} \ R = dm' + r$$

donc

$$BQ + R \ \text{où} \ A = dm + bq + r \qquad \text{C. Q. F. D.}$$

125. Il en résulte que A et $bq + r$ donnent le même reste quand on les divise par d. — En vérifiant cette propriété on fait la preuve de la division.

CHAPITRE VIII.

PLUS GRAND COMMUN DIVISEUR ET PLUS PETIT COMMUN MULTIPLE.

126. Définition. — On appelle plus grand commun diviseur de plusieurs nombres le plus grand nombre qui les divise exactement. Sa détermination dans le cas de deux nombres se ramène à des opérations connues à l'aide des deux principes suivants :

127. Théorème 1. — *Si un nombre* (B) *en divise exactement un autre* (A), *il est le plus grand commun diviseur des deux nombres.*

D'abord B est un diviseur commun, de plus les diviseurs communs devant le diviser ne peuvent le surpasser; donc il est le plus grand commun diviseur.

128. Théorème 2. — *Si un nombre* (B) *n'en divise pas un autre* (A), *leur plus grand commun diviseur est égal à celui du plus petit nombre* (B) *et du reste* (R) *de leur division.*

Soit Q le quotient;

$$A = BQ + R \qquad (1)$$

Tout diviseur commun à A et à B divise R et par suite est commun à B et à R.

Réciproquement tout diviseur commun à R et à B divise BQ et par suite BQ+R ou A, c'est-à-dire, qu'il est diviseur commun de B et A.

Les diviseurs communs à A et à B sont donc les mêmes que ceux de B et R donc le plus grand de ces diviseurs est le même de part et d'autre, C. Q. F. D.

129.

	1	3	3	2
360	276	84	24	12
84	24	12	0	

Actuellement considérons les 2 nombres 360 et 276 : je divise le premier par le second ; si la division se fait exactement, j'aurai le plus grand commun diviseur (1er principe). On trouve un reste, 84 : donc, (2e principe) ; le plus grand commun diviseur des 2 nombres proposés est égal à celui de 276 et de 84. Je divise 276 par 84 : si la division se fait exactement, 84 sera le plus grand commun diviseur (1er principe). Or nous trouvons un reste, 24 ; et le plus grand commun diviseur cherché est égal à celui de 84 et de 24, etc. En continuant de cette manière, on finit par trouver un reste 12 qui divise exactement le précédent. Il est le plus grand commun diviseur.

La disposition la plus simple du calcul est indiquée dans le tableau précédent et on a cette règle :

RÈGLE. — *Pour trouver le plus grand commun diviseur de 2 nombres, divisez le plus grand par le plus petit, ce dernier par le reste de la 1re division ; celui-ci par le reste de la seconde, etc. jusqu'à ce que vous trouviez un reste qui divise exactement le précédent : ce sera le plus grand commun diviseur.*

130. THÉORÈME. — *Tout diviseur commun à 2 nombres A, B, divise le plus grand commun diviseur D.*

Appelons R, R', D les restes successifs de l'opération jusqu'au plus grand commun diviseur inclusivement. Soit a un diviseur commun à A et à B, a divise R ; divisant B et R il divise R', divisant R et R' il divise D, ce qu'il fallait démontrer.

131 Théorème. — *Pour trouver le plus grand commun diviseur de plus de 2 nombres, (A, B, C, D,) il suffit de chercher celui (E) de 2 d'entre eux (A, B) ; celui (F) de E et de C ; enfin celui (G) de F et de D : ce dernier (G) est le plus grand commun diviseur des nombres proposés.*

A B C D   D'abord G est un diviseur commun; en effet,
   E F G   il divise D et F, par suite C et E multiples de F, enfin A et B multiples de E, de sorte qu'il divise A, B, C, D. En second lieu, soit a un diviseur commun de A, B, C, D; divisant A et B, a divise E; divisant E et C, il divise F; divisant F et D, il divise G. Ainsi les diviseurs communs à A, B, C, D ne peuvent pas dépasser G ; donc le théorème est démontré.

Remarque. — Le raisonnement établit que non-seulement G est le plus grand commun diviseur, mais encore qu'il est multiple de tous les autres diviseurs communs.

132. Définition. — *Des nombres sont dits premiers entr'eux quand ils n'ont d'autre diviseur commun que l'unité : ils sont premiers entr'eux deux à deux si en les prenant deux à deux de toutes les manières possibles, ils sont premiers entr'eux.*

133. Théorème. — *Si, dans la recherche du plus grand commun diviseur, on trouve deux restes premiers entr'eux, le plus grand commun diviseur est 1 (et les nombres sont premiers entr'eux.)*

En effet, le plus grand commun diviseur divise tous les restes.

134. Théorème. — *Si on multiplie plusieurs nombres par un même facteur m leur plus grand commun diviseur est multiplié par ce facteur.*

1º Cas de 2 nombres, A et B.

Appelons R, R', D les restes successifs y compris le

plus grand commun diviseur. A et B étant multipliés par *m*, R le sera; B et R l'étant, R′ le sera aussi; donc le plus grand commun diviseur D deviendra *m*D; ce qu'il fallait démontrer.

2º Cas où il y a plus de deux nombres.

A, B, C, D
  E F G   (Notation précédente).

A et B étant multipliés par *m*, E le sera; E et C l'étant, F le sera; F et D l'étant, G le sera aussi; ce qu'il fallait démontrer.

135. Théorème. — *Si on divise plusieurs nombres par un diviseur commun, leur plus grand commun diviseur est divisé par ce nombre.*

Même raisonnement.

136. Il en résulte que si on divise plusieurs nombres par leur plus grand commun diviseur les quotients seront premiers entr'eux. — La réciproque de cette proposition est évidente.

137. Théorème. — *Tout nombre entier m qui divise un produit A B de deux facteurs et qui est premier avec l'un d'eux (A), divise l'autre (B).*

En effet,

m et A ont pour plus grand commun diviseur, 1
donc *m*B et A B   »   »   »   »   B

Or, *m* divise son multiple *m* B, il divise A B par hypothèse; donc, il divise leur plus grand commun diviseur B, ce qu'il fallait démontrer.

138. Ce qui précède s'applique à tous les systèmes de numération.

139. Définition. — On appelle plus petit commun multiple de plusieurs nombres, le plus petit nombre divisible en même temps par chacun d'eux.

140. Théorème. — *Le plus petit commun multiple de deux nombres* A, B, *s'obtient en multipliant leur plus grand commun diviseur* D *par les quotients* A′, B′ *obtenus en les divisant par leur plus grand commun diviseur.*

Pour démontrer ce théorème, je vais prouver que tout multiple commun M aux deux nombres A et B peut être mis sous la forme

$$M = A'B'D \times Q$$

(Q étant un nombre entier quelconque). Alors le plus petit m correspondra à $Q = 1$, c'est-à-dire qu'on aura

$$m = A'B'D$$

En effet, M étant multiple de A on a

$$M = Aq \text{ ou } M = A'Dq \quad (1)$$

puisque $\qquad A = A'D$;

de même M est un multiple de B et on a

$$M = B'Dq' \quad (2)$$

Ces 2 formes (1) et (2) du même nombre M nous donnent l'égalité

$$A'Dq = B'Dq' \text{ ou } A'q = B'q' \quad (3)$$

Actuellement A′ divise le premier membre ; donc il divise le second qui lui est égal ; mais il est premier avec B′, il divise donc q' ; c'est-à-dire qu'on a $q' = A'Q$. En nous reportant à la forme (2) et en tenant compte de cette dernière relation, on a :

$$M = A'B'DQ \qquad \text{C. Q. F. D.}$$

141. On conclut de là la règle à suivre pour trouver le plus petit commun multiple de 2 nombres.

142. Théorème. — *Le plus petit commun multiple de 2 nombres premiers entr'eux est égal à leur produit.*

THÉORÈME. — *En divisant le produit de 2 nombres par leur plus grand commun diviseur on trouve le plus petit commun multiple.*

THÉORÈME. — *Tout multiple de 2 nombres est divisible par leur plus petit commun multiple.*

Ces 3 propriétés résultent très-simplement de la précédente.

143. THÉORÈME. — *Pour trouver le plus petit commun multiple de plus de 2 nombres (A, B, C, D) il suffit de chercher celui E de deux d'entr'eux A , B ; celui F de E et C; enfin celui G de F et D; ce dernier sera le plus petit commun multiple des nombres proposés.*

A B C D   D'abord G est un multiple commun à A, B,

E F G   C, D; en effet, il est multiple de D et F, étant multiple de F il l'est de E et C, étant multiple de E il l'est de A et B. En second lieu, soit M un multiple commun à A, B, C, D; M étant multiple de A et B, l'est de E; étant multiple de E et C, il l'est de F; étant multiple de F et D il l'est de G; donc G est le plus petit commun multiple.   C. Q. F. D.

144. Ce théorème donne la règle à suivre pour trouver le plus petit commun multiple de plusieurs nombres.

Il établit aussi que tout multiple commun à plusieurs nombres est divisible par leur plus petit commun multiple.

145. Les règles précédentes s'appliquent à tous les systèmes de numération.

CHAPITRE IX.

NOMBRES PREMIERS.

146. Définition. — Tout nombre entier qui n'est divisible que par lui-même et par l'unité est dit premier.

147. Théorème.— *Tout nombre premier p qui ne divise pas un nombre entier* A *est premier avec lui.*

Car un diviseur commun serait différent de p, et p ne serait pas premier.

148. Théorème. — *Un nombre entier* N *a au moins un diviseur premier.*

1º S'il est premier, il se divise lui-même.

2º S'il a des diviseurs autres que lui-même et l'unité, il y en a certainement un a plus petit que tous les autres; or, je dis que a est premier, car s'il était divisible par un autre nombre a' celui-ci serait un diviseur de N ; N aurait donc des diviseurs plus petits que son plus petit diviseur.

149. Théorème. — *Deux nombres* A, B, *non premiers entr'eux ont au moins un facteur premier commun.*

Soit d un de leurs diviseurs communs, il a au moins un facteur premier p, et ce nombre, divisant d, divise ses multiples A et B.

150. Théorème. — *La suite des nombres premiers est illimitée.*

Soit p un nombre premier quelconque, je dis qu'il y en a de plus grands que lui. En effet le nombre

$$N = 2.3.5.7.....(p+1) \qquad (1)$$

a au moins un facteur premier. Or il n'est divisible ni par 2, ni par 3..... ni par p, car il donne 1 pour reste quand on le divise par l'un deux; donc il y a des nombres premiers plus grands que p C. Q. F. D.

151. THÉORÈME. — *Un nombre entier* A *est premier s'il n'est divisible par aucun des nombres premiers* 2.3..... p, *dont les carrés sont moindres que lui.*

Il suffit de prouver que A n'est divisible par aucun des nombres premiers $q.r.....$ dont les carrés le surpassent. — En effet, supposons A divisible par r on aura $A = rA'$ mais on a $A < q^2$, donc $rA' < q^2$; mais on a $r \geq q$ et par suite $A' < q$. Le nombre A' et par conséquent A aurait des diviseurs premiers moindres que q, c'est-à-dire compris dans la suite 2.3.....p, ce qui est contre l'hypothèse.

152. FORMATION D'UNE TABLE DE NOMBRES PREMIERS.

Ecrivez la suite des nombres entiers jusqu'à la limite supérieure A de la table; effacez ensuite, à partir de 2 exclusivement les nombres de 2 en 2; puis à partir de 3 les nombres de 3 en 3 (vous pouvez commencer par 9 ou 3.3, puisque 3.2 sera déjà effacé comme multiple de 2); effacez ensuite les nombres de 5 en 5 à partir de 5 exclusivement (vous pouvez commencer par 25, puisque 5.2, 5.3, 5.4 auront déjà été effacés comme multiples de 2 et de 3) etc. Quand vous serez parvenu à un nombre premier p, dont le carré p^2 surpasse A, les nombres non effacés seront les nombres premiers de la suite 1,2,3..... A.

153. THÉORÈME. — *Tout nombre premier p, qui divise un produit, divise au moins l'un des facteurs.*

1° DEUX FACTEURS A et B. — Si p ne divise pas A, il est premier avec lui, donc il divise B.

2° PLUS DE 2 FACTEURS, A,B,C,D. — On a:

$$ABCD = (ABC) D.$$

donc p divise D ou ABC; supposons que ce soit ABC, on a:

$$ABC = (AB)\,C,$$

donc p divise C ou AB; supposons que ce soit AB, alors p divise ou A ou B.

REMARQUE I. — La propriété ne suppose pas les facteurs différents : *donc tout nombre premier p qui divise une puissance A^m d'un nombre, divise le nombre A.*

154. THÉORÈME. — *Les puissances A^m, B^m, de deux nombres premiers entre eux sont premières entre elles.*

En effet, si elles ne le sont pas, elles ont au moins un facteur premier p commun; ce facteur divisant A^m divise A, de même il divise B; A et B ne seraient donc pas premiers entre eux.

155. THÉORÈME. — *Tout nombre N premier avec les facteurs d'un produit ABCD est premier avec le produit.*

En effet si N et ABCD ont des diviseurs communs, l'un d'eux p au moins sera premier. Ce nombre p divisant ABCD divisera au moins l'un de ses facteurs de sorte que N ne serait pas premier avec tous les facteurs du produit.

156. THÉORÈME. — *Tout nombre N premier avec un produit ABCD est premier avec ses facteurs.*

En effet si N et A (par exemple) avaient un diviseur commun d, ce nombre d diviserait ABCD, multiple de A, de sorte que N et ABCD ne seraient pas premiers entre eux.

157. THÉORÈME.— *Tout nombre A divisible par plusieurs autres a, b, c premiers entre eux 2 à 2, est divisible par leur produit abc.*

N étant divisible par a, on a: $N = aq$ (1), mais b divise N, ou aq, et il est premier avec a, donc il divise q.....

c'est-à-dire qu'on a : $q = bq'$ (2). — A son tour c divise N ou aq, il est premier avec a, donc il divise q ou bq' ; il est aussi premier avec b, donc il divise q' et on a : $q' = cq''$ (3).

Les égalités (1) (2) (3) nous donnent comme conséquence :

$$Nqq' = abcqq'q''$$

ou $$N = abc.q''$$ C. Q. F. D.

REMARQUE. — Ce théorème donne de nouveaux caractères de divisibilité, — par ex : tout nombre divisible par 2 et par 3 l'est par 6 ; tout nombre divisible par 3 et 5 l'est par 15, etc.

158. THÉORÈME. — 1º *Tout nombre entier* A *peut-être écrit sous la forme d'un produit de facteurs premiers et* 2º *cette forme est déterminée.*

1º D'abord A a au moins un diviseur premier p

donc : $$A = pA' \quad (1).$$

A' a aussi un diviseur premier p' au moins et on a : $A' = p'A''$, d'où résulte $A = pp'A''$ (2). A'' a au moins un diviseur premier p'' et on a : $A'' = p''A'''$ d'où résulte $A = pp'p''A'''$ (3) etc. En continuant à former de cette manière la suite décroissante $A', A'', A''' \ldots$ etc. On finira par arriver à un nombre premier, autrement la suite des diviseurs de A serait illimitée. Ainsi A est égal à un produit de facteurs premiers.

2º Pour prouver que cette forme est déterminée, démontrons que deux produits de facteurs premiers égaux sont identiques.

Soit $$abc\ldots = a'b'c'd'\ldots\ldots \quad (1)$$

$a, b, c \ldots a', b' \ldots$ étant des nombres premiers, a divise le 1er membre de (1) donc il divise le 2e ; mais il est premier, donc il divise l'un des facteurs du 2e membre, enfin comme ceux-ci sont premiers, il est égal à l'un d'eux.

Soit $a = a'$ on a alors : $bc\ldots = b'c'd'\ldots\ldots$ (2).

On prouverait de même que le facteur b est dans le 2e membre....... etc, de sorte que tous les facteurs du premier produit sont dans le 2e. On reconnaît par un raisonnement semblable que ceux du second sont dans le premier; donc les 2 produits sont identiques.

159. PROBLÈME. — *Décomposer un nombre (360 par ex.) en un produit de facteurs premiers.*

$$\begin{array}{llllll}
2 & \text{divise} & 360 & \text{donc} & 360 = 2. & 180 \\
2 & \text{»} & 180 & \text{»} & 180 = 2. & 90 \\
2 & \text{»} & 90 & \text{»} & 90 = 2. & 45 \\
3 & \text{»} & 45 & \text{»} & 45 = 3. & 15 \\
3 & \text{»} & 15 & \text{»} & 15 = 3. & 5 \\
\end{array}$$

5 est premier.

Multipliant ces égalités membre à membre :
$$360.\,180.\,90.\,45.\,15 = 2^3.\,3^2.\,5.\,180.\,90.\,45.\,15$$
$$360 = 2^3.\,3^2.\,5$$

On opère ainsi en simplifiant le tableau des calculs (1) :.

$$360 = 2^3.\,3^2.\,5$$

$$\begin{array}{r|l}
360 & 2 \\
180 & 2 \\
90 & 2 \quad (1) \\
45 & 3 \\
15 & 3 \\
5 & 5 \\
\end{array}$$

REMARQUE. — On peut encore décomposer le nombre donné en facteurs dont les diviseurs premiers soient connus, et remplacer ceux-ci par leurs produits de facteurs premiers.

160. THÉORÈME. — *Pour qu'un nombre* A *soit une*

puissance, il faut et il suffit que les exposants de ses facteurs premiers soient divisibles par l'exposant de la puissance.

1° La condition est nécessaire ;

Soit $A = B^m$ et $B = a^p b^q$ a et b étant premiers on aura :

$$A = (a^p b^q)^m = a^{mp} b^{mq}$$

c'est-à-dire que les exposants des facteurs premiers de A sont divisibles par m.

2° Elle suffit ;

Soit $$A = a^{pm} b^{qm},$$

on a : $$A = (a^p b^q)^m$$

c'est-à-dire que A est une puissance de degré m.

161. Théorème. — *Pour qu'un nombre entier A en divise un autre N, il faut et il suffit que les facteurs premiers de A soient dans N avec des exposants au moins égaux à ceux qu'ils ont dans A.*

1° La condition est nécessaire ;

Car si N est divisible par A, on a $N = AQ$, donc N contient les facteurs premiers de A autant de fois au moins que A les contient.

2° Elle suffit :

Car soit $N = 2^4.3^2.5$ et $A = 2^2. 3$

On peut écrire : $N = (2^2.3) (2^2.3.5)$ ou $N = AQ$

c'est-à-dire que N est divisible par A.

162. Problème. — *Trouver tous les diviseur d'un nombre A connaissant son produit de facteurs premiers*
$$A = 2^3.3^2.5^2.$$

Ecrivons sur une ligne horizontale 1 et les puissances de 2 jusqu'à la 3° inclusivement ; faisons la même chose pour les facteurs 3 et 5, on a le tableau :

$$1 , \quad 2 , \quad 2^2 , \; 2^3 \qquad (1)$$
$$1 , \quad 3 , \quad 3^2 \qquad . \qquad (2)$$
$$1 , \quad 5 , \quad 5^2 \qquad (3)$$

Multiplions les nombres de la ligne (1) par ceux de la ligne (2) nous aurons :

$$1, 2 \ldots, 2^3, 3, 2.3 \ldots, 2^3.3, 3^2 \ldots, 2^3.3^2 \quad (4)$$

Multiplions les nombres de (4) par ceux de (3) :

$$1, 2, \ldots 2^3.3^2, 5, 2.5, \ldots 2^3.3^2.5, 5^2, 2.5^2, \ldots 2^3.3^2.5^2 \ldots \quad (5).$$

Cette dernière ligne (5) contient tous les diviseurs de A.

D'abord, les nombres de cette ligne sont des diviseurs de A, car ce sont des produits de facteurs premiers contenus dans A au moins autant de fois que dans ces produits.

En second lieu, tous les diviseurs de A ($2^2.5$ par exemple) s'y trouvent; en effet, 2^2 est dans la ligne (1); on a multiplié les nombres de cette ligne par ceux de la ligne (2), en particulier par 1; ainsi 2^2 est dans la ligne (4); on a multiplié les nombres de cette dernière par ceux de (3), en particulier par 5, donc $2^3.5$ est dans la ligne (5).

Enfin, les diviseurs de A ne sont qu'une fois dans (5); en effet : Les nombres de (1) sont différents; en les multipliant par 1, on a des résultats différents; en les multipliant par 2 on a des nombres différents les uns des autres et qui diffèrent des précédents par un facteur 2, etc. Ainsi les nombres de (4) diffèrent entre eux. — On verrait de même que la ligne (5) ne contient que des nombres différents.

163. EXPRESSION DU NOMBRE DES DIVISEURS DE A

$$(A = 2^3.3^2.5^2)$$

La ligne (1) contient $\qquad$ $(3+1)$ $\qquad$ nombres

» (2) en contient $\qquad$ $(2+1)$

donc la ligne (4) en a $\qquad$ $(3+1)\,(2+1)$

La ligne (5) en a $\qquad$ $(2+1)$; en multipliant ceux de (4) par ceux de (5) on en a :

$$(3+1)\,(2+1)\,(2+1).$$

Tel est le nombre cherché. D'une manière générale, en appelant m, p, q... les exposants des facteurs premiers de A, N le nombre des diviseurs.

$$N = (m+1)\,(p+1)\,(q+1)$$

NOTA : Si les exposants sont pairs, le nombre des diviseurs est impair.

164. THÉORÈME. — *Le plus grand commun diviseur de plusieurs nombres A, B, C est le produit des facteurs premiers communs pris chacun avec son plus petit exposant.*

Soit :

$$A = 2^3.3^4.5. \quad B = 2^4.3^2.7 \quad, \quad C = 2^5.3^4.11.$$

Un diviseur commun à A, B, C, ne peut contenir que des facteurs communs à A, B, C, et il ne peut les contenir avec un exposant supérieur à leur plus petit exposant, donc il ne peut surpasser 2^3, 3^2. — De plus, ce dernier produit est un diviseur commun, donc c'est le plus grand commun diviseur, $\qquad$ C. Q. F. D.

165. THÉORÈME. — *Le plus petit commun multiple de plusieurs nombres est égal au produit de leurs différents facteurs premiers pris chacun avec son plus haut exposant.*

Soit :

$$A = 2^3.3^2.5 \quad, \quad B = 2^5.7 \quad, \quad C = 3^4.5;$$

Le plus petit commun multiple est :

$$m = 2^5.3^4.5.7.$$

D'abord ce nombre est divisible par tous les autres, puisqu'il contient leurs diviseurs premiers au moins autant de fois que les nombres eux-mêmes. D'un autre côté un multiple commun ne peut contenir le facteur 2 avec un exposant inférieur à 5, puisqu'il est divisible par B; il ne peut contenir 3 avec un exposant inférieur à 4; de même les facteurs 5 et 7 ne peuvent y entrer avec des exposants inférieurs à 1; donc

$$2^5.3^4.5.7$$

est le plus petit commun multiple.   C. Q. F. D.

LIVRE II.

LES FRACTIONS.

CHAPITRE PREMIER.

FRACTIONS ET LEUR SIMPLIFICATION.

166. DÉFINITION. — On appelle *Parties aliquotes* d'une unité les parties qu'on obtient quand on la partage en parties égales.

167. DÉFINITION. — Si on prend une ou plusieurs parties aliquotes d'une unité on a une Fraction de cette unité ou simplement une fraction. Le nombre des parties contenues dans la fraction est son *numérateur*, le nombre de ces parties contenu dans l'unité est le *dénominateur* de la fraction.

168. La fraction est comme le nombre entier une collection d'unités de la même espèce, seulement les unités de la fraction sont contenues exactement dans une autre unité déterminée.

169. Le nombre entier peut être considéré comme une fraction dont le dénominateur est 1.

170. NUMÉRATION PARLÉE — Pour nommer une fraction on est convenu de nommer le numérateur puis le dénominateur et d'ajouter au nom de ce dernier la terminaison *ième*.

Il y a exception pour les fractions dont le dénominateur est 2, 3 ou 4.

ainsi, au lieu de trois deuxièmes on dit trois demis
  »   deux troisièmes »   deux tiers
  »   cinq quatrièmes »   cinq quarts

171. Numération écrite. — Pour écrire une fraction, on convient d'écrire le dénominateur sous le numérateur en les séparant à l'aide d'un trait horizontal.

Ainsi, dans le système décimal,

$$\frac{2}{7}$$ représente deux septièmes

$$\frac{21}{5}$$ id.   vingt-et-un cinquièmes

En général $\frac{a}{b}$ (a sur b) représente la fraction qui a pour numérateur a et pour dénominateur b.

172. Théorème. — *Tout nombre entier (6) peut être mis sous la forme d'une fraction de dénominateur donné (7).*

En effet.

1 égale $\frac{7}{7}$ donc 6 égale 6 fois $\frac{7}{7}$ ou $\frac{42}{7}$

En général,

$$a = \frac{ab}{b}$$

On voit que le numérateur de la fraction est le produit du nombre entier (6) par le dénominateur donné (7).

173. THÉORÈME. — *La somme d'un nombre entier et d'une fraction peut être mise sous la forme d'une fraction de même dénominateur que la première.*

En effet.

$$3 + \frac{5}{7} \text{ égale } \frac{21}{7} + \frac{5}{7} \text{ ou bien } \frac{26}{7}$$

En général

$$a + \frac{b}{c} = \frac{ac+b}{c}$$

Le numérateur du résultat s'obtient en multipliant la partie entière par le dénominateur de la fraction et ajoutant son numérateur au produit.

174. THÉORÈME. — *Si le numérateur d'une fraction surpasse son dénominateur, on peut la décomposer en deux parties, l'une entière, et l'autre égale à une fraction plus petite que l'unité.*

En effet :

$$\frac{36}{8} = \frac{32+4}{8} = \frac{32}{8} + \frac{4}{8} = 4 + \frac{4}{8}$$

C. Q. F. D.

En général

$$\text{Si} \quad a = b\,q + r,$$
$$\text{on a :} \quad \frac{a}{b} = q + \frac{r}{b}.$$

La partie entière est le quotient du numérateur par le dénominateur, et le numérateur de la 2ᵉ partie est le reste de la division.

175. THÉORÈME. — *Lorsque sans changer le dénominateur d'une fraction, on multiplie son numérateur par un nombre entier, la fraction est multipliée par le nombre entier.*

Je dis que $\dfrac{4\times5}{7}$ est 5 fois plus grand que $\dfrac{4}{7}$

En effet les deux fractions sont des collections d'unités de la même espèce et la première en contient 5 fois plus que la deuxième.

REMARQUE. — Ce raisonnement prouve en même temps que si on divise le numérateur d'une fraction par *un de ses diviseurs*, sans toucher au dénominateur, la fraction elle-même est divisée par le diviseur en question.

En général la fraction $\dfrac{ab}{c}$ est b fois plus grande que $\dfrac{a}{c}$ (a, b, c, sont des nombres entiers)

176. THÉORÈME. — *Si, sans changer le numérateur d'une fraction, on multiplie son dénominateur par un nombre entier, on rend la fraction ce nombre de fois plus petite (on divise la fraction par ce nombre).*

Par exemple la fraction $\dfrac{4}{7\times3}$ est trois fois plus petite que $\dfrac{4}{7}$; en effet elles contiennent toutes les deux 4 parties aliquotes de la même unité, mais les parties contenues dans la première sont 3 fois plus petites que celles de la seconde, puisqu'il y en a 3 fois plus dans l'unité.

REMARQUE. — On établit en même temps par ce raisonnement que si on divise le dénominateur d'une fraction par *un de ses diviseurs* on multiplie la fraction par ce nombre.

En général la fraction $\dfrac{a}{bc}$ est c fois plus petite que la fraction $\dfrac{a}{b}$.

177. Théorème. — *On ne change pas la valeur d'une fraction quand on multiplie ses deux termes par le même facteur.*

Par exemple la fraction $\dfrac{3}{4}$ et la fraction $\dfrac{3\times5}{4\times5}$ sont équivalentes (ou sont deux formes différentes du même nombre).

En effet : la fraction $\dfrac{3}{4}$ est 5 fois plus petite que $\dfrac{3\times5}{4}$, et la fraction $\dfrac{3\times5}{4\times5}$ est aussi 5 fois plus petite que $\dfrac{3\times5}{4}$.

Remarque. — Ce raisonnement prouve aussi qu'on ne change pas la valeur d'une fraction quand on divise ses deux termes par *un de leurs diviseurs communs*.

En général on a :

$$\frac{a}{b}=\frac{am}{bm}$$

Fractions irréductibles.

178. Définitions. — Simplifier une fraction, c'est la remplacer par une autre de même valeur et dont les termes soient respectivement plus petits que ceux de la première. — Une fraction qui ne peut-être simplifiée reçoit le nom de fraction irréductible. — Réduire une fraction à sa plus simple expression c'est la remplacer par une fraction irréductible équivalente.

179. THÉORÈME. — *Pour qu'une fraction soit irréductible, il faut et il suffit que ses deux termes soient premiers entre eux.*

1° *C'est nécessaire.* — En effet soit $\dfrac{a}{b}$ une fraction irréductible, si ses deux termes avaient un diviseur commun d, on pourrait la simplifier, ce qui est contraire à l'hypothèse.

2° *Cela suffit.* — Soit $\dfrac{3}{4}$ une fraction telle que 3 soit premier avec 4; et soit $\dfrac{A}{B}$ une fraction équivalente à $\dfrac{3}{4}$;

puisque $\dfrac{3}{4} = \dfrac{A}{B}$ (1), on a aussi $\dfrac{3B}{4B} = \dfrac{4A}{4B}$ et par suite $3B = 4A$ (2) mais 3 divisant 3B divise son égal 4A et comme 3 est premier avec 4, 3 divise A, c'est-à-dire que l'on a : $A = 3m$ (3).

Mais alors l'égalité (2) peut s'écrire : $3B = 4 \times 3 \times m$ d'où résulte $B = 4m$ (4).

Ainsi A et B sont des équimultiples de 3 et 4 de sorte que la fraction $\dfrac{A}{B}$ a des termes au moins aussi compliqués que ceux de $\dfrac{3}{4}$ C. Q. F. D.

180. THÉORÈME. — *Si on divise les deux termes d'une fraction par leur plus grand commun diviseur, on trouve une fraction irréductible équivalente à la première.*

En effet les quotients sont premiers entre eux.

181. Théorème. — *Deux fractions irréductibles égales ont les mêmes termes.*

Soit
$$\frac{a}{b} = \frac{a'}{b'}$$

puisque $\dfrac{a}{b}$ est irréductible, on a :

$a' = am$ et $b' = bm$; mais $\dfrac{a'}{b'}$ est aussi irréductible, donc

$m = 1$ — c'est-à-dire que $a = a'$ et $b = b'$

C. Q. F. D.

Ainsi on ne peut réduire une fraction à sa plus simple expression que d'une manière.

182. Règle pour réduire une fraction a sa plus simple expression. — *D'après ce qui précède, on supprime tous les diviseurs communs aux deux termes c'est-à-dire qu'on les divisera par leur plus grand commun diviseur.*

Remarque. — Quand parmi les données d'un calcul il y a des fractions, on doit les réduire à leur plus simple expression avant de les engager dans le calcul ; de même si le résultat d'une opération est une fraction, l'opération n'est terminée que lorsque la fraction est réduite à sa plus simple expression.

CHAPITRE II.

RÉDUCTION AU MÊME DÉNOMINATEUR.

183. Définition. — Réduire des fractions au même dénominateur c'est les remplacer par d'autres 1° respectivement égales aux premières 2° de même dénominateur 3° aussi simples que possibles.

En d'autres termes, cette opération a pour but étant données des collections de parties aliquotes d'espèces différentes de la même unité, de les transformer en collections de parties aliquotes de la même espèce et aussi simples que possible.

184. On remplit facilement les deux premières conditions. — Il suffit de prendre un multiple commun à tous les dénominateurs de le diviser par chacun d'eux puis de multiplier les deux termes de chaque fraction par le quotient correspondant. — Les fractions nouvelles seront équivalentes aux premières puisqu'on aura multiplié les deux termes de chacune d'elles par le même nombre; de plus elles auront toutes pour dénominateur le multiple commun.

Appliquons aux fractions

$$\frac{2}{3}, \frac{3}{4}, \frac{5}{12}$$

12 est divisible par tous les dénominateurs et les quotients respectifs sont : 4, 3, 1.

Ils donnent les nouvelles fractions

$$\frac{8}{12}, \frac{9}{12}, \frac{5}{11}$$

En général soient

$$\frac{a}{b}, \frac{c}{d}, \frac{e}{f}$$

les fractions proposées, M un multiple commun de b, d, f; soient q, r, s, les quotients de M par b, d, f, on aura, à la place des premières, les fractions :

$$\frac{aq}{bq}, \frac{cr}{dr}, \frac{es}{fs} \text{ ou } \frac{aq}{M}, \frac{cr}{M}, \frac{es}{M}$$

REMARQUE. — On peut prendre en particulier pour dénominateur commun le produit des dénominateurs, et aussi leur plus petit commun multiple.

On satisfait à la troisième condition en s'appuyant sur la propriété suivante.

184. THÉORÈME. — *Si on remplace des fractions irréductibles* $\frac{a}{b}, \frac{c}{d}, \frac{e}{f}$, *par d'autres équivalentes aux premières et de même dénominateur,* $\frac{a'}{D}, \frac{c'}{D}, \frac{e'}{D}$ *le dénominateur D est divisible par b, d et f.*

En effet, puisque $\frac{a'}{D}$ est équivalente à la fraction irréductible.

$\frac{a}{b}$, son dénominateur D est un multiple de b ; pour la même raison D est divisible par d et f.

185. Il résulte de là que le dénominateur commun le plus simple qu'on puisse donner à des fractions est le plus petit commun multiple des dénominateurs des fractions irréductibles qui leur sont équivalentes ; car d'un côté le dénominateur commun est nécessairement un multiple commun de ces dénominateurs et d'un autre côté on peut choisir pour dénominateur commun leur plus petit commun multiple.

186. DE LA LA RÈGLE. — *Réduisez les fractions proposées à leur plus simple expression ; formez le plus petit commun multiple des dénominateurs des résultats obtenus ; divisez-le par chacun d'eux et multipliez les 2 termes de chaque fraction par le quotient correspondant.*

CHAPITRE III.

ADDITION.

187. THÉORÈME. — *La somme de plusieurs nombres entiers ou fractionnaires (composés avec la même unité) est une fraction (de cette unité).*

1º Considérons des fractions de même dénominateur, on a évidemment :

$$\frac{3}{11}+\frac{2}{11}+\frac{5}{11}=\frac{3+2+5}{11} \text{ ou } \frac{10}{11}$$

2º Si les termes sont des fractions à dénominateurs différents, on peut les réduire au même dénominateur et on sera ramené au 1er cas :

$$\frac{3}{4}+\frac{5}{6}=\frac{18}{24}+\frac{20}{24}=\frac{38}{24}.$$

3º Si les termes sont des entiers joints à des fractions, on peut les transformer en fractions et on se trouvera dans le 2e cas :

$$(4+\frac{5}{6})+(3+\frac{2}{5})=\frac{29}{6}+\frac{17}{5}=\text{ etc.}$$

188. DÉFINITION. — *L'addition des fractions a pour objet de trouver la fraction irréductible égale à la somme de plusieurs nombres entiers ou fractionnaires.*

189. Ce qui précède donne la Règle : 1º *Si les fractions ont même dénominateur, faites la somme des numérateurs, donnez-lui le dénominateur commun et réduisez le résultat à sa plus simple expression. 2º Si elles ont des*

dénominateurs différents, réduisez-les au même dénomi-
nateur et opérez comme dans le 1ᵉʳ cas. 3º Si les termes
sont des entiers joints à des fractions, convertissez-les en
fractions et opérez comme dans le 2ᵉ cas.

190. Les propriétés simples énoncées à la suite de
l'addition des nombres entiers sont vraies pour les
fractions de même dénominateur, puisque ce sont des
collections d'unités de même espèce ; par suite elles sont
vraies pour des nombres entiers ou fractionnaires. Ainsi,
les transformations

$$a+b+c = a+c+b \qquad a+b+c+d = (a+b)+c+d$$
$$a+(b+c) = a+b+c \qquad (a+b)+(c+d) = a+b+c+d,$$

sont autant de propriétés communes aux nombres entiers
et aux fractions.

191. L'addition des fractions donne en outre les
transformations suivantes dans lesquelles a, b, c.....
désignent des nombres entiers :

$$\frac{a}{d}+\frac{b}{d}\ldots = \frac{a+b+\ldots}{d} \;(1) \qquad \frac{a}{b}+\frac{c}{d} = \frac{ad+bc}{bd} \;(2)$$

$$(a+\frac{b}{d})+(d+\frac{e}{f}) = \frac{ad+b}{d}+\frac{df+e}{f}$$

$$= \frac{(ac+b)f+(df+e)\,d}{df} \;(3)$$

SOUSTRACTION.

192. Théorème. — *La différence de deux nombres*
entiers ou fractionnaires (formés d'une certaine unité) est
une fraction (de cette unité).

1º Prenons 2 fractions de même dénominateur, on a d'après ce qu'on a vu pour les nombres entiers

$$\frac{8}{7} - \frac{3}{7} = \frac{8-3}{7}.$$

2º Si les termes sont deux fractions à dénominateurs différents, on peut les réduire au même dénominateur

$$\frac{7}{3} - \frac{2}{5} = \frac{35}{15} - \frac{6}{15} = \frac{35-6}{15} \text{ ou } \frac{29}{15}$$

3º Si les termes sont des entiers joints à des fractions, on peut les convertir en fractions, etc.

$$(4+\frac{2}{3}) - (2+\frac{1}{4}) = \frac{14}{3} - \frac{9}{4} = \frac{56-27}{12} = \frac{29}{12}.$$

193. Définition. — *La soustraction des fractions a pour objet de trouver la fraction irréductible égale à la différence de 2 nombres entiers ou fractionnaires.*

194. Ce qui précède donne la Règle. — *1º Si les termes sont deux fractions de même dénominateur, faites la différence des numérateurs, donnez-lui le dénominateur commun et réduisez la fraction à sa plus simple expression. — 2º Si les dénominateurs sont différents, réduisez-les au même dénominateur et opérez comme dans le 1ᵉʳ cas. — 3º Si les termes sont des entiers joints à des fractions, convertissez-les en fractions et opérez comme dans le 2ᵉ cas.*

195. Les propriétés énoncées à la soustraction des nombres entiers sont vraies pour les expressions fractionnaires. — Ainsi les transformations :

$$a - (b+c) = a-b-c, \quad a+(b-c) = a+b-c$$
$$a - (b-c) = a-b+c, \quad a-b+c-d = c-b+a-d,$$

expriment des propriétés communes aux entiers et aux fractions.

196. La soustraction des fractions nous en donne d'autres, dans lesquelles a, b, c..... représentent des nombres entiers :

$$\frac{a}{d} - \frac{b}{d} = \frac{a-b}{d} \quad (1) \qquad \frac{a}{b} - \frac{c}{d} = \frac{ad-bc}{bd} \quad (2)$$

$$(a + \frac{b}{c}) - (d + \frac{e}{f}) = \frac{ac+b}{c} - \frac{df+e}{f} = \text{etc} \quad (3)$$

Elles supposent aussi que les soustractions indiquées soient possibles.

CHAPITRE IV

MULTIPLICATION.

197. Nous avons donné dans la multiplication des nombres entiers la définition générale du produit d'un nombre par un autre (c'est un nombre formé avec le 1er comme le 2e l'est avec l'unité).

198. Théorème. — *Le produit de 2 facteurs entiers ou fractionnaires est une fraction* (de l'unité avec laquelle le multiplicande est formé).

En effet

$$1° \qquad \frac{3}{5} \times 4 = \frac{3 \times 4}{5} \text{ on l'a vu },$$

$$2° \quad 6 \times \frac{3}{5} = 3 \text{ fois le } 5^e \text{ de } 6 \text{ par définition};$$

mais le 5e de 6 est $\dfrac{6}{5}$ en le répétant 3 fois on trouve

$\dfrac{6 \times 3}{5}$ c'est-à-dire une fraction.

$$3° \quad \frac{2}{3} \times \frac{5}{7} = 5 \text{ fois le } 7^e \text{ de } \frac{2}{3};$$

mais le 7e de $\dfrac{2}{3}$ est $\dfrac{2}{3 \times 7}$; en le multipliant par 5,

on trouve $\dfrac{2 \times 5}{3 \times 7}$, c'est-à-dire une fraction.

4º Si les facteurs sont des entiers joints à des fractions, on peut les convertir en fractions et on aura par
exemple :

$$(3 + \frac{2}{7})(2 + \frac{1}{3}) = \frac{23}{7} \times \frac{7}{3} = \frac{161}{21}$$

199. DÉFINITION. — *La multiplication des fractions
a pour objet de trouver la fraction irréductible égale au
produit de 2 nombres entiers ou fractionnaires.*

200. En considérant, dans les 2 premiers cas, les
facteurs entiers comme des fractions ayant pour dénominateur 1, on a, pour les 1ᵉʳ, 2ᵉ et 3ᵉ cas, cette *Règle :*

*Faites le produit des numérateurs, donnez-lui pour
dénominateur le produit des dénominateurs et réduisez le
résultat à sa plus simple expression.*

*Pour le 4ᵉ cas, convertissez les facteurs en fractions et
opérez comme précédemment.*

201. THÉORÈME. — *Le produit de 2 facteurs ne change
pas avec l'ordre des facteurs.*

En effet

$$\frac{3}{4} \times \frac{5}{7} = \frac{3 \times 5}{4 \times 7} = \frac{5 \times 3}{7 \times 4} = \frac{5}{7} \times \frac{3}{4}.$$

Ainsi $ab = ba$ est une propriété commune aux nombres
entiers et aux fractions.

202. THÉORÈME. — *Le produit d'une somme par un
nombre égale la somme des produits des parties du multiplicande par le multiplicateur.*

1º *Le multiplicateur est entier.*

On a vu que

$$(3+4)2 = 3 \times 2 + 4 \times 2$$

Donc :

$$(\frac{3}{7} + \frac{4}{7}) \times 2 = \frac{3}{7} \times 2 + \frac{4}{7} \times 2.$$

La transformation est vraie encore si les termes du multiplicande sont des fractions de dénominateurs dif-férents.

On a donc :

$$(a+b)2 = a \times 2 + b \times 2$$

que a et b soient des nombres entiers ou fractionnaires.

2° Le multiplicateur est une fraction ayant 1 pour numérateur.

Je dis que

$$(a+b)\,\frac{1}{3} = \frac{a}{3} + \frac{b}{3}$$

En effet ,

En multipliant les 2 membres par 3 on trouve 2 produits égaux à $a+b$.

3° Le multiplicateur est une fraction quelconque.

On a :

$$(a+b)\,\frac{2}{3} = 2 \text{ fois le tiers de } (a+b)$$

Or

$$(a+b)\,\frac{1}{3} = \frac{a}{3} + \frac{b}{3}$$

Donc

$$(a+b)\,\frac{2}{3} = (\frac{a}{3} + \frac{b}{3})\,2 = a \times \frac{2}{3} + b \times \frac{2}{3}.$$

203. Ainsi la transformation

$$(a+b+.....)m = am + bm +......$$

Est une propriété commune aux nombres entiers et aux fractions.

Il en est de même de ses deux conséquences :

$$m(a+b+.....) = ma + mb +.....$$
$$(a+b+....)(c+d+....) = ac + bc +.... + ad + bd +....$$

204. THÉORÈME. — *Le produit d'une différence par un nombre égale la différence des produits des termes du multiplicande par le multiplicateur.*

1° *Le multiplicateur est entier.*

On a vu que

$$(7-3)2 = 7 \times 2 - 3 \times 2$$

Donc :

$$\left(\frac{7}{11} - \frac{3}{11}\right)2 = \frac{7}{11} \times 2 - \frac{3}{11} \times 2$$

Ceci a lieu si les termes du multiplicande n'ont pas le même dénominateur, c'est-à-dire que l'égalité

$$(a-b)\,2 = a \times 2 - b \times 2$$

a lieu que a et b soient entiers ou fractionnaires.

2° *Le multiplicande est une fraction de la forme* $\dfrac{1}{3}$

$$(a-b)\frac{1}{3} = \frac{a}{3} - \frac{b}{3}$$

même raisonnement que dans le théorème précédent.

3° *Le multiplicande est une fraction dont le numérateur est quelconque*

$$(a-b)\frac{2}{3} = a \times \frac{2}{3} - b \times \frac{2}{3}$$

(Raisonnement précédent).

205. L'égalité $(a-b)\,m = am - bm$ exprime donc une propriété commune aux nombres entiers et fractionnaires.

Il en est ainsi de ses 2 conséquences :

$$m\,(a-b) = ma - bm.$$

$$(a-b)\,(c-d) = ac - bc - ad + bd$$

DIVISION.

206. Définition. — Nous appellerons désormais *Quotient d'un nombre par un autre le nombre qui multiplié par le 2ᶜ (le diviseur) reproduit le 1ᵉʳ (le dividende).*

207. Théorème. — *Le quotient d'un nombre entier par un autre (cette nouvelle définition admise) est la fraction qui a pour numérateur le dividende et pour dénominateur le diviseur.*

Ainsi $\dfrac{7}{4}$ est le quotient de 7 par 4.

Car en multipliant $\dfrac{7}{4}$ par 4, on trouve 7 pour produit.

Nota : Cette propriété nous donne une notation nouvelle et importante pour représenter le quotient d'un nombre entier par un autre. — On l'adoptera plus loin pour tous les cas.

208. Le nombre que nous avons appelé le *quotient* d'un nombre entier par un autre, quand la division ne se fait pas exactement, n'est plus que la *partie entière du quotient* tel que nous l'entendons maintenant.

209. Théorème. — *Le quotient d'un nombre entier ou fractionnaire par un autre est une fraction (de l'unité du dividende).*

En effet

$$1° \quad \frac{3}{4} : 5 = \frac{3}{4.5} \text{ on l'a vu.}$$

$$2° \quad 5 : \frac{3}{4} \text{ est le nombre dont les } \frac{3}{4} \text{ font 5 ; donc le}$$

$\dfrac{1}{4}$ du quotient est $\dfrac{5}{3}$; par suite ses $\dfrac{4}{4}$ (ou le quotient)

valent $\dfrac{5 \times 4}{3}$.

3° $\dfrac{2}{3} : \dfrac{5}{7}$ est le nombre dont les $\dfrac{5}{7}$ valent $\dfrac{2}{3}$;

donc le 7e du quotient est égal à $\dfrac{2}{3 \times 5}$, et les $\dfrac{7}{7}$ (ou le

quotient) valent $\dfrac{2 \times 7}{3 \times 5}$

4° Si les termes sont des entiers joints à des fractions, on peut les convertir en fractions et on sera ramené au cas précédent.

210. Définition. — *La division a pour objet de trouver la fraction irréductible égale au quotient d'un nombre entier ou fractionnaire par un autre.*

211. Si on observe les transformations précédentes et si on considère chaque terme entier comme une fraction ayant pour dénominateur 1, on a cette règle pour les 1er 2e, 3e cas : *Multipliez la fraction dividende par la fraction diviseur renversée et réduisez le résultat à sa plus simple expression.*

Dans le 4e cas, *réduisez les termes en fractions et suivez la règle précédente.*

212. La multiplication et la division donnent les transformations suivantes dans lesquelles a, b,.... représentent des nombres entiers.

$$(1) \ \frac{a}{b} \times \frac{c}{d} = \frac{ac}{bd} ; \quad (2) \ \frac{a}{b} : \frac{c}{d} = \frac{ad}{bc}.$$

Fractions de fractions.

213. DÉFINITION. — *Le produit de plusieurs facteurs fractionnaires s'appelle une fraction de fraction. Si les facteurs sont égaux, c'est une puissance.*

214. THÉORÈME. — *Un pareil produit est égal à la fraction qui a pour numérateur le produit des numérateurs et pour dénominateur le produit des dénominateurs des fractions proposées.*

En effet :

$$\frac{3}{4} \times \frac{5}{7} = \frac{3.5}{4.7}$$

$$\frac{3}{4} \times \frac{5}{7} \times \frac{2}{3} = \frac{3.5}{4.7} \times \frac{2}{3} = \frac{3.5.2}{4.7.3} \text{ etc.}$$

En général :

$$\frac{a}{b} \times \frac{c}{d} \times \frac{e}{f} \cdots\cdots = \frac{ace\ldots}{bdf\ldots}$$

215. THÉORÈME. — *Dans un produit de facteurs entiers ou fractionnaires, on peut changer l'ordre des facteurs.*

En effet :

$$\frac{3}{4} \times \frac{2}{5} \times \frac{7}{9} = \frac{3.2.7}{4.5.9} = \frac{7.2.3}{9.5.4} = \frac{7}{9} \times \frac{2}{5} \times \frac{3}{4}$$

En général :

$abcd = dcba$ exprime une propriété commune aux nombres entiers et aux fractions.

REMARQUE. — Toutes les conséquences déduites de ce principe pour les nombres entiers sont vraies pour les fractions, en particulier.

   (1) $a\,(bcd) = abcd$ (2) $(abc)\,(dc) = abcde$ etc.

216. THÉORÈME. — *Les puissances d'une fraction irréductible sont des fractions irréductibles.*

Soit $\dfrac{a}{b}$ une fraction irréductible ; a est premier avec

b, donc a^m l'est avec b^m, donc $\dfrac{a^m}{b^m}$ est une fraction irré-

ductible.   C. Q. F. D.

217. THÉORÈME. — *Une fraction irréductible ne peut être une puissance d'une autre sans que ses deux termes soient eux-mêmes des puissances de même degré.*

En effet supposons

$$\frac{a}{b}=\left(\frac{a'}{b'}\right)^{m}.$$

$\dfrac{a}{b}$ et $\dfrac{a'}{b'}$ étant des fractions irréductibles), on aura :

$$\frac{a}{b}=\frac{a'^{m}}{b'^{m}},$$

et ces 2 fractions seront irréductibles,

donc : $a=a'^{m}, \quad b=b'^{m}.$

218. THÉORÈME. — *Pour qu'une fraction soit un carré il faut et il suffit que le produit de ses 2 termes soit un carré.*

1° *C'est nécessaire.* — Car soit $\dfrac{a}{b}=m^2$, on aura :

$$\frac{ab}{b^2}=m^2 \text{ ou } ab=m^2 b^2$$

2° *Cela suffit.* — Car soit $ab=m^2$ on a :

$$\frac{ab}{b^2}=\frac{m^2}{b^2} \text{ ou } \frac{a}{b}=\left(\frac{m}{b}\right)^2$$

C. Q. F. D.

219. Les propriétés relatives aux puissances des nombres entiers sont évidemment vraies pour les puissances des fractions, c'est-à-dire qu'on a:

$$a^m . a^p \ldots = a^{m+p+\cdots}$$
$$a^m : a^p = a^{m-p}$$
$$(a^m)^p = a^{mp}$$
$$(abcd)^m = a^m b^m c^m d^m.$$

$a, b, c\ldots$ étant des nombres entiers ou fractionnaires.

Fractions à termes fractionnaires.

220. Pour représenter le quotient d'un nombre entier ou fractionnaire par un autre, on peut employer la notation $\dfrac{a}{b}$ a étant le dividende et b le diviseur: On obtient ainsi des expressions numériques qu'on appelle *fractions à termes fractionnaires.* — Une pareille fraction est évidemment égale à une fraction à termes entiers.

221. L'emploi de cette notation fait acquérir un nouveau degré de généralité aux transformations données par les propriétés des fractions.

222. THÉORÈME. — *On ne change pas la valeur d'une fraction $\dfrac{a}{b}$ à termes fractionnaires en multipliant ses 2 termes par le même nombre m.*

Soit q la fraction à termes entiers égale au quotient $\dfrac{a}{b}$, on a:

$$a = bq \text{ d'où: } am = bm.q \text{ ou } q = \frac{am}{bm}$$

$$\text{c'est-à-dire} \qquad \frac{a}{b} = \frac{am}{bm}, \qquad \text{C. Q. F. D.}$$

NOTA : L'emploi de la notation $\dfrac{a}{b}$ rend par conséquent

l'égalité $\dfrac{a}{b} = \dfrac{am}{bm}$ vraie que les nombres a, b, m soient

entiers ou fractionnaires.

223. De pareilles fractions peuvent dès-lors être remplacées par d'autres équivalentes et ayant le même dénominateur.

224. THÉORÈME. — *La somme de plusieurs fractions à termes fractionnaires peut être mise sous la forme d'une fraction.*

1° Soit

$$\frac{a}{d} = q, \quad \frac{b}{d} = q'$$

q et q' étant des fractions à termes entiers

on a :

$$a = dq, \quad b = dq'$$

$$a + b = d\,(q + q') \text{ d'où } \frac{a+b}{d} = \frac{a}{d} + \frac{b}{d}.$$

2° Si les fractions n'ont pas le même dénominateur, on peut les y réduire, etc.

225. THÉORÈME. — *La différence de deux fractions à termes fractionnaires peut être mise sous la forme de fraction.*

1° Soit

$$\frac{a}{d} = q, \quad \frac{b}{d} = q'$$

On a :

$$a = dq, \quad b = dq'$$

d'où :

$$a - b = d\ (q - q') \quad \text{ou} \quad \frac{a-b}{d} = \frac{a}{d} - \frac{b}{d}$$

2º Si les fractions n'ont pas le même dénominateur, on peut les y réduire, etc.

226. THÉORÈME. — *Le produit de deux fractions à termes fractionnaires peut être mis sous la forme d'une fraction.*

Soit

$$\frac{a}{b} = q, \quad \frac{a'}{b'} = q'.$$

On a :

$$a = bq \quad a' = b'q' \quad \text{d'où} \quad aa' = bb'qq'$$

Ou

$$\frac{aa'}{bb'} = qq' \quad \text{ou} \quad \frac{a}{b} \times \frac{a'}{b'} = \frac{aa'}{bb'}\,.$$

227. THÉORÈME. — *Le quotient d'une fraction par une autre peut être mis sous la forme d'une fraction.*

Soit $\dfrac{a}{b}$ le dividende $\dfrac{a'}{b'}$ le diviseur.

Je dis que le quotient est $\dfrac{ab'}{ba'}\cdot$ En effet en multipliant

cette fraction par $\dfrac{a'}{b'}$ il vient $\dfrac{a}{b}\cdot$

228. Ainsi se trouvent étendues aux fractions, certaines propriétés établies déjà pour les nombres entiers.

CHAPITRE VI.

FRACTIONS DÉCIMALES

ou Fractions qui ont pour Dénominateur une Puissance de la Base.

229. Définition. — Dans le système dont la base est dix, les fractions qui ont pour dénominateur dix ou une puissance de dix sont appelées fractions décimales.

Dans les autres systèmes de numération il y a des fractions du même genre; celles qui ont pour dénominateur la base ou l'une des puissances de la base.

Dans le système dont la base est douze on pourrait les appeler fractions duodécimales.

Une pareille fraction a, dans tous les cas, pour dénominateur, l'unité suivie de plusieurs zéros, en adoptant la notation des fractions ordinaires.

230. Dans le système décimal les nombres

$$\frac{1}{10},\ \frac{1}{100}\ \dots,$$

s'appellent unités décimales du 1er ordre du 2^c ordre etc. les mêmes nombres représentent dans tout autre système, les unités analogues aux unités décimales.

231. Théorème. — *Toute fraction décimale est décomposable en unités entières et en unités décimales de différents ordres, de manière que le nombre des unités de chaque ordre ne dépasse pas 9.*

En général, toute fraction qui a pour dénominateur une puissance de la base du système dans lequel ses termes sont écrits est décomposable en unités entières et en collections d'unités de la forme

$$\frac{1}{10}, \ \frac{1}{100}, \ \frac{1}{1000} \ \dots$$

avec la condition que le nombre des unités de chaque ordre soit inférieur à la base.

En effet

$$\frac{26948}{1000} = \frac{26000+900+40+8}{1000}.$$

$$= 26 + \frac{9}{10} + \frac{4}{100} + \frac{8}{1000}$$

C. Q. F. D.

Cette transformation est vraie pour tout système dont la base surpasse 9.

232. Cette propriété permet d'écrire les nombres précédents sous forme entière en donnant l'extension suivante au principe de la numeration écrite : *lorsque plusieurs chiffres sont écrits sur une ligne horizontale, si l'un d'eux représente des unités simples, le chiffre placé à sa droite représentera des unités du 1er ordre décimal (ou de la forme $\frac{1}{10}$), le suivant des unités du 2e ordre décimal (de la forme $\frac{1}{100}$,) etc.*

On y joint la *convention* de placer une virgule entre le chiffre des unités et celui qui est à sa droite.

Le nombre précédent peut alors s'écrire :

26,948

Remarque. — Si le nombre manque d'unités entières, on en fait occuper la place par un zéro.

233. Si on compare les deux formes $\dfrac{26948}{1000}$ et 26,948 on trouve les règles suivantes :

1re Règle. — *Pour passer de la forme fractionnaire à la forme entière, séparez par une virgule sur la droite du numérateur autant de chiffres qu'il y a de zéros au dénominateur (vous mettrez des zéros sur la gauche du numérateur s'il est nécessaire).*

2e Règle. — *Pour passer de la forme entière à la forme fractionnaire, effacez la virgule et divisez le nombre entier ainsi obtenu par l'unité suivie d'autant de zéros qu'il y a de chiffres à la droite de la virgule dans la forme entière.*

234. L'ordre des unités de chaque chiffre dépend de sa position par rapport à la virgule, donc :

1° *On ne change pas la valeur d'une fraction dont le dénominateur est 10^m, quand on écrit des zéros à la droite de sa forme entière.*

2° *On la multiplie ou on la divise par 10^p suivant qu'on déplace la virgule, dans la forme entière de p rangs vers la droite ou de p rangs vers la gauche.*

235. Règle pour écrire un nombre décimal — On écrit successivement de gauche à droite les unités des différents ordres en remplaçant par un zéro chaque ordre qui manque et mettant la virgule à la droite du chiffre des unités.

Règle pour énoncer un nombre décimal écrit — On l'énonce comme s'il était entier et on nomme à la suite les unités de l'ordre du dernier chiffre à droite.

Opérations.

236. Dans les opérations dont les données sont des nombres décimaux (en général des fractions ayant pour dénominateur 10^m). — On ne se propose plus de trouver des fractions irréductibles comme dans le cas des fractions ordinaires, mais des fractions qui aient également pour dénominateur des puissances de 10. •

Les données sont introduites dans le calcul sous forme entière et on demande les résultats sous la même forme.

Addition.

237. DÉFINITION. — *Le but de cette opération est de trouver sous forme entière la somme de plusieurs fractions ayant pour dénominateurs des puissances de la base, et données sous forme entière.*

238. En raisonnant comme dans le cas des nombres entiers, ou en passant par la forme fractionnaire, on est conduit à cette *Règle* : *Écrivez les données les unes au-dessous des autres, de telle sorte que les unités du même ordre soient dans la même colonne verticale, additionnez comme dans le cas des nombres entiers et mettez une virgule au total sous les virgules des nombres donnés.*

Soustraction.

239. DÉFINITION. — *Elle a pour but de trouver sous forme entière la différence de deux fractions dont les dénominateurs sont des puissances de 10, et qui sont données sous forme entière.*

240. En raisonnant comme dans le cas des nombres entiers ou en revenant à la forme fractionnaire on est conduit à cette *Règle : Écrivez le plus petit des nombres au-dessous du plus grand de manière que les unités du même ordre se correspondent. Faites la soustraction comme dans le cas des nombres entiers et mettez une virgule dans le résultat au dessous des virgules des données. Si le nombre des chiffres décimaux n'est pas le même de part et d'autre, mettez par la pensée des zéros à la droite du nombre qui en a le moins.*

Multiplication.

241. Définition. — *Le but de cette opération est de trouver sous forme entière le produit de deux fractions dont les dénominateurs sont des puissances de 10 et qui sont données sous forme entière.*

242. Soit $\qquad 5{,}27 \times 2{,}4$

On a :

$$5{,}27 \times 2{,}4 = \frac{527}{100} \times \frac{24}{10} = \frac{527 \times 24}{1000}$$

Dans le système décimal $527 \times 24 = 12648$ et le produit demandé est : $12{,}648$

Ce raisonnement donne la *Règle : Faites le produit des deux nombres entiers qu'on obtient en supprimant par la pensée les virgules des facteurs et séparez sur la droite du produit autant de chiffres qu'il y en a à la droite de la virgule dans les deux facteurs.*

Division.

243. DÉFINITION. — *Cette opération a pour but de trouver sous forme entière le quotient de deux fractions, ayant pour dénominateur des puissances de 10, et données sous cette forme, lorsque le quotient est lui-même une fraction de ce genre. Quand cela n'est pas, elle a pour but de trouver des nombres de la forme en question, qui expriment des valeurs approchées du quotient.*

244. On mettra d'abord le quotient sous forme de fraction irréductible ; on le traitera ensuite comme on va le dire au chapitre suivant.

Ainsi on aura

$$\frac{6,17}{0,472} = \frac{6,170}{0,472} = \frac{6170}{472}$$

et en réduisant

$$\frac{6170}{472} = \frac{3085}{236}$$

C'est à cette dernière expression qu'on appliquera les procédés qui vont suivre.

CHAPITRE VII.

ÉVALUATION APPROCHÉE DES NOMBRES.

245. Définition. — Tout nombre, qui n'est pas entier est compris entre deux nombres entiers consécutifs. Le plus petit d'entre eux est la valeur du nombre proposé à moins d'une unité près par défaut et l'autre est sa valeur à moins d'une unité près par excès.

Par exemple si p est un nombre entier tel que l'on ait :

$$p < A < p+1$$

p est la valeur de A à moins d'une unité près par défaut et $p+1$ en est la valeur à moins d'une unité par excès.

Nous savons trouver ses valeurs quand le nombre A est une fraction.

246. Définition. — On appelle valeur d'un nombre A à moins de $\dfrac{1}{n}$, par défaut, la plus grande des fractions ayant pour dénominateur n qui peuvent se retrancher de A. — La fraction suivante est la valeur de A à moins de $\dfrac{1}{n}$ par excès, ainsi, si on représente la première par $\dfrac{p}{n}$, on a :

$$\frac{p}{n} < A < \frac{p+1}{n}.$$

247. Problème. — *Calculer un nombre* A *à moins de* $\dfrac{1}{n}$, *par défaut.*

L'inconnue est p.

Or on doit avoir

$$\frac{p}{n} < A < \frac{p+1}{n} \quad (1)$$

Et par suite

$$p < An < p+1 \quad (2)$$

donc p est la valeur de An à moins d'une unité.

De la la règle. — *Multipliez le nombre proposé par le dénominateur n de la fraction demandée, cherchez la partie entière du produit et divisez-la par n.*

248. Si $n = 10^{m}$ les valeurs approchées sont des fractions décimales ou plus généralement des fractions ayant pour dénominateur des puissances de la base du système de numération. — Ce sont celles qu'on emploie de préférence dans les calculs.

249. Applications.

1° Évaluer à moins de $\dfrac{1}{7}$ le quotient de 272 par 11

c'est-à-dire $\dfrac{272}{11}$.

Le produit de ce nombre par 7 est $\dfrac{1904}{11}$ sa partie

entière est: 173 et la valeur par défaut à moins de $\dfrac{1}{7}$

est $\dfrac{173}{7}$. — Il va sans dire qu'on devra réduire cette fraction à sa plus simple expression.

2° Évaluer à moins de $\dfrac{1}{10^3}$ le quotient $\dfrac{369}{13}$

Le produit de ce nombre par 10^3 est $\dfrac{369000}{13}$

Sa partie entière est 28384 la valeur approchée par défaut est 28,384 à moins de 0,001 près.

Pour trouver la partie entière du produit il n'est pas nécessaire d'écrire des zéros à la droite du dividende, il suffit de les écrire à la droite des dividendes particls, à mesure qu'on en a besoin.

250. Ce qui précède donne cette règle : *Pour évaluer un quotient à moins de* $\dfrac{1}{10^m}$, *divisez le numérateur par le dénominateur, vous avez la partie entière du résultat; (si le dividende est plus petit que le diviseur, remplacez-la par un zéro). — Mettez un zéro à la droite du reste et divisez par le diviseur, vous trouvez le chiffre qui suit immédiatement le chiffre des unités et un nouveau reste; mettez un zéro à sa droite et divisez par le diviseur, vous obtenez le chiffre suivant du quotient etc.*

Cette règle s'applique évidemment à tous les systèmes de numération.

251. THÉORÈME. — *Pour qu'une fraction irréductible* $\dfrac{a}{b}$ *soit égale à une fraction de dénominateur donné* $\dfrac{p}{n}$. *Il faut et il suffit que b soit un diviseur de n.*

1° La condition est nécessaire.

Car si $\dfrac{a}{b}=\dfrac{p}{n}$, comme $\dfrac{a}{b}$ est irréductible, b divise n.

2° Elle suffit.

En effet, si $\qquad n = bn'$,

Alors $\qquad \dfrac{a}{b} = \dfrac{an'}{bn'} = \dfrac{an'}{n}$

C. Q. F. D.

CONSÉQUENCE. — Si $n = 10^m$, il est nécessaire et suffisant que b ne contienne que des diviseurs premiers de 10 (ces diviseurs sont 2 et 5 dans le système décimal; ce sont 2 et 3 dans le système duodécimal etc).

252. DÉFINITIONS. — *1° Lorsqu'une variable s'approche d'une quantité fixe et peut en différer d'aussi peu qu'on veut la quantité fixe s'appelle la limite de la variable.*

2° Pour exprimer qu'une variable croît au delà de toute limite on dit qu'elle devient infinie ou infiniment grande.

3° Pour exprimer qu'une variable tend vers la limite zéro, on dit qu'elle devient infiniment petite.

253. THÉORÈME. — *Lorsqu'on évalue à moins d'une unité de la forme $\dfrac{1}{10^m}$, de plus en plus petite, une fraction irréductible qui n'est pas égale à une fraction de la forme $\dfrac{p}{10^k}$, 1° le quotient variable qu'on obtient a pour limite la fraction qui lui donne naissance ; 2° les chiffres, à la droite de la virgule, finissent par se reproduire périodiquement et dans le même ordre.*

Prenons la fraction $\dfrac{31}{7}$ dans le système décimal pour fixer les idées et évaluons-la successivement à moins de

$$\frac{1}{10}, \quad \frac{1}{100}, \ldots\ldots$$

$$
\begin{array}{c|c}
31 & 7 \\
30 & \overline{4,4285714\ldots\ldots} \\
\;20 & \\
\;\;60 & \\
\;\;\;40 & \\
\;\;\;\;50 & \\
\;\;\;\;\;10 & \\
\;\;\;\;\;\;30 &
\end{array}
$$

1° On a :

$$4 < \frac{31}{7} < 5$$

$$4,4 \; < \frac{31}{7} < 4,5$$

$$4,42 < \frac{31}{7} < 4,43$$

Ces inégalités montrent que les valeurs successives

$$4; \quad 4,4; \quad 4,42; \ldots$$

du quotient variable s'approchent de plus en plus de $\frac{31}{7}$; elles prouvent aussi que la différence entre $\frac{31}{7}$ et l'une de ces valeurs est moindre qu'une unité de l'ordre de son dernier chiffre ; et comme on peut pousser l'approximation aussi loin qu'on veut, la différence entre $\frac{31}{7}$ et le quotient variable a pour limite zéro.

C. Q. F. D.

2º En second lieu, les restes successifs ne peuvent être que les nombres 1, 2, 3, 4, 5, 6 ; donc après 6 opérations au plus, on trouvera un reste déjà obtenu ; en mettant un zéro à sa droite, on aura un dividende partiel déjà trouvé et à partir de là, les chiffres du quotient se reproduiront évidemment dans le même ordre.

REMARQUE. — Cette dernière propriété simplifie le calcul.

Fractions Périodiques.

254. DÉFINITION. — *Les fractions illimitées dans lesquelles les chiffres, placés à la droite de la virgule finissent par se reproduire périodiquement et dans le même ordre reçoivent le nom de fractions périodiques. — L'ensemble des chiffres qui se reproduisent forme la période.*

Si la période commence immédiatement après la virgule, on a une *fraction périodique simple* elle est *mixte* dans le cas contraire et les chiffres compris entre la virgule et la période en forment la partie *irrégulière*.

255. THÉORÈME. — *Toute fraction périodique a pour limite une fraction ordinaire, quand le nombre de ses périodes augmente au delà de toute limite.*

La loi de formation de la limite change avec la forme de la fraction périodique, mais on l'obtient dans tous les cas possibles en considérant les 4 suivants.

256. 1º FRACTION PÉRIODIQUE SIMPLE SANS PARTIE ENTIÈRE.

Ex.   0,362.362.362........

Appelons a la valeur particulière de cette fraction quand on y prend n périodes :

$$(1) \quad a = 0{,}362.362\ldots\ldots 362 \quad (n \text{ périodes})$$

En multipliant par 10^3 (3 est le nombre des chiffres de la période),

On a :

$$(2) \quad 10^3\, a = 362{,}362\ldots\ldots 362.$$

Et dans la partie décimale du 2e membre, il n'y a plus que $(n-1)$ périodes.

Actuellement a peut s'écrire, en isolant la n^{ieme} période :

$$(3) \quad a = 0{,}362.362\ldots\ldots 362 \times \frac{362}{1000^n}$$

et en retranchant (3) de (2) :

$$(10^3 - 1)a = 362 - \frac{362}{1000^n} \quad (4)$$

d'où

$$a = \frac{362}{10^3 - 1} - \frac{362}{(10^3 - 1)\,1000^n} \quad (5)$$

Faisons croître n jusqu'à l'infini le 2e terme du 2e membre tend vers la limite zéro et on a :

$$\text{Lim. } a = \frac{362}{10^3 - 1}$$

LOI DE FORMATION. — *La limite a pour numérateur la période. Son dénominateur est, dans le système décimal, le nombre formé d'autant de 9 qu'il y a de chiffres dans la période et en général le nombre formé d'autant de chiffres égaux à (10—1) qu'il y a de chiffres dans la période.*

257. 2° FRACTION PÉRIODIQUE SIMPLE AVEC PARTIE ENTIÈRE.

Ex. $\qquad$ 3,4747…….

On peut trouver la limite comme précédemment mais on y parvient aussi de la manière suivante :

Soit a la valeur de la fraction pour n périodes

$$a = 3,4747\ldots.47 (n \text{ périodes})$$

On peut l'écrire

$$a = 3 + 0,4747\ldots\ldots 47$$

d'où

$$\lim. a = 3 + \lim. 0,4747\ldots\ldots 47$$

ou bien

$$= 3 + \frac{47}{10^2 - 1} = \frac{3(10^2 - 1) + 47}{10^2 - 1}$$

$$\lim. a = \frac{347 - 3}{10^2 - 1}$$

LOI DE FORMATION. — *Le numérateur de la limite s'obtient en retranchant la partie entière de la partie entière suivie de la première période.* — *Le dénominateur suit la loi précédente.*

258. 3° FRACTION PÉRIODIQUE MIXTE SANS PARTIE ENTIÈRE.

Ex. $\qquad$ 0,13 215 215…….

Soit a la valeur particulière qui correspond à n périodes :

$$a = 0,13\ 215\ 215\ldots\ldots 215 \qquad (1)$$

On a :

$$10^2 a = 13,215\ 215\ldots\ldots 215$$

Et en faisant croître n au-delà de toute limite:

$$10^2 \text{ lim. } a = \text{lim. } 13{,}215\,215 - 215$$

$$= \frac{13215 - 13}{10^3 - 1}$$

Et par suite ;

$$\text{lim. } a = \frac{13215 - 13}{(10^3 - 1)\,10^2}$$

Dans le système décimal,

$$\text{lim. } a = \frac{13215 - 13}{99900}$$

Remarque. — On obtiendrait facilement cette limite en raisonnant comme dans le 1er cas.

Loi de formation. — *Le numérateur de la limite est la différence entre la partie irrégulière suivie de la 1re période et la partie irrégulière. Le dénominateur, dans le système décimal est formé d'autant de 9 qu'il y a de chiffres dans la période, suivis d'autant de zéros qu'il y a de chiffres irréguliers. — Dans un système quelconque le chiffre 9 se trouvera remplacé par la base moins un* $(10 - 1)$.

259. 4° Fraction périodique mixte avec partie entière.

Ex. $3{,}47\,215\,215.....$

En appelant a la valeur de cette fraction qui correspond à n périodes, on trouve facilement:

$$\text{lim. } a = \frac{347215 - 347}{(10^3 - 1)\,10^2}.$$

Loi de formation. — *Le numérateur est la différence qu'on obtient en prenant la partie entière suivie de la partie irrégulière et de la première période, et en retranchant de ce nombre la partie entière suivie de la partie irrégulière. — Le dénominateur suit la loi précédente.*

260. THÉORÈME. — *Le dénominateur de la fraction irréductible égale à la limite d'une fraction périodique simple n'est divisible par aucun des facteurs de 10 (de la base).*

En effet le dénominateur étant avant la réduction terminé par (10—1) n'admet aucun de ces diviseurs.

261. THÉORÈME. — *Le dénominateur de la fraction irréductible égale à la limite d'une fraction périodique mixte contient au moins un des facteurs premiers de 10 (de la base).*

Il suffit de prouver que le numérateur de la forme obtenue précédemment ne peut être terminé par un zéro. Il faudrait, en effet, pour cela, que le dernier chiffre de la partie irrégulière fut égal au dernier chiffre de la période; et celle-ci commencerait un chiffre plus tôt.

262. Les réciproques de ces deux théorèmes se démontrent par l'absurde.

263. Formes de 1....

Dans le système décimal 1=lim. 0,999

Dans le système binaire 1=lim. 0,111 etc.

264. THÉORÈME. — *Toute fraction irréductible dont le dénominateur ne contient aucun des facteurs premiers de 10, donne naissance à une fraction périodique simple.*

Supposons que $\frac{8}{7}$ donne naissance à une fraction périodique mixte, celle-ci aura pour limite la fraction $\frac{8}{7}$, mais sa limite aura aussi pour expression une fraction irréductible $\dfrac{a}{b}$, dont le dénominateur admettra l'un au moins des facteurs premiers de 10 et les deux fractions irréductibles $\dfrac{a}{b}$ et $\dfrac{8}{7}$ seraient égales sans être identiques, ce qui est impossible.

265. Théorème. — *Si le dénominateur d'une fraction irréductible contient des facteurs premiers de 10 avec des facteurs étrangers, elle donne naissance à une fraction périodique mixte.*

Même démonstration.

266. Théorème. — *Dans ce dernier cas, le nombre des chiffres de la partie irrégulière est égal au plus grand des exposants des facteurs premiers de 10 contenus dans le dénominateur de la fraction.*

En effet, d'après ce qu'on a vu plus haut, l'un de ces facteurs premiers reste dans le dénominateur de la fraction irréductible égale à la limite, avec un exposant égal au nombre des zéros, qui se trouvent à la droite du dénominateur avant la réduction et ce nombre de zéros est justement le nombre des chiffres de la partie irrégulière.

LIVRE III.

LES NOMBRES INCOMMENSURABLES.

CHAPITRE PREMIER.

RACINE CARRÉE.

267. Définitions. — 1° *Le carré d'un nombre entier ou d'une fraction est le produit de ce nombre par lui-même. — On l'appelle encore un carré parfait*

2° *La racine carrée d'un carré parfait est le nombre entier ou fractionnaire dont il est le carré.*

3° *La racine carrée d'un nombre, 12 par exemple, qui n'est pas un carré parfait est un nombre plus grand que les nombres entiers ou fractionnaires dont les carrés sont inférieurs à 12, et plus petit que ceux dont les carrés surpassent 12.*

268. Notation. — La racine carrée d'un nombre 12 est représentée par $\sqrt{12}$. Le signe $\sqrt{}$ (qui n'est autre chose que la lettre *r*) se nomme un *radical*.

269. THÉORÈME. — *Si un nombre 12 par exemple n'est pas un carré parfait, on peut toujours trouver des nombres fractionnaires aussi voisins de $\sqrt{12}$ qu'on le veut.*

En effet, écrivez la suite des fractions :

$$\frac{1}{m}, \frac{2}{m}, \frac{3}{m} \ldots\ldots\ldots \frac{p}{m}, \frac{p+1}{m} \ldots,$$

m, étant un nombre entier quelconque ; si vous les élevez au carré vous formez cette autre suite :

$$\frac{1}{m^2}, \frac{2^2}{m^2}, \frac{3^2}{m^2} \ldots\ldots\ldots, \frac{p^2}{m^2}, \frac{(p+1)^2}{m^2} \ldots,$$

Et le nombre 12 sera nécessairement compris entre deux consécutifs de ces nombres, par exemple entre

$$\frac{p^2}{m^2} \text{ et } \frac{(p+1)^2}{m^2} ;$$

donc $\sqrt{12}$ se trouvera entre

$$\frac{p}{m} \text{ et } \frac{p+1}{m} ;$$

mais la différence $\dfrac{1}{m}$ de ces deux fractions peut être rendue aussi petite que l'on veut, en prenant m assez grand ; donc le théorème est démontré.

270. CONSÉQUENCES.—1° On peut considérer $\sqrt{12}$ comme la limite commune de $\dfrac{p}{m}$ et de $\dfrac{p+1}{m}$ lorsque m croit au delà de toute limite.

2° On a

$$\text{limite } \frac{p^2}{m^2} = 12 \text{ et limite } \frac{p}{m} = \sqrt{12}$$

Mais

$$\frac{p^2}{m^2} = \left(\frac{p}{m}\right)^2, \text{ donc } 12 = \left(\sqrt{12}\right)^2.$$

271. Les expressions numériques telles que $\sqrt{12}$ par exemple, qui ne représentent ni des nombres entiers ni des fractions sont appelés des *nombres incommensurables,* alors les nombres entiers et les fractions reçoivent le nom de *nombres commensurables*.

272. DÉFINITION. — L'extraction de la racine carrée a pour but: *1° de trouver la racine carrée d'un nombre, quand il est carré parfait. 2° Dans le cas contraire d'obtenir des nombres commensurables, qui en expriment des valeurs approchées.*

La résolution de cette question repose sur certains principes que nous établirons d'abord:

273. THÉORÈME. — *Le carré d'une somme de deux parties est égal à la somme des carrés des parties augmentée de leur double produit.*

En effet:

$$(a+b)^2 = (a+b)\,(a+b) = a^2+ab+ab+b^2$$

Ou

$$(a+b)^2 = a^2+2ab+b^2 \qquad\qquad \text{C. Q. F. D.}$$

274. CONSÉQUENCE. — *Le carré d'un nombre entier plus grand que 10, peut être décomposé en une somme de 3 parties, savoir: le carré des unités du 2me ordre, le carré du chiffre des unités du 1er ordre, et le double produit de ces deux nombres.*

En effet,

$$37^2 = (30+7)^2 = 30^2 + 2\times30\times7 + 7^2$$

275. THÉORÈME. — *Le carré d'un nombre entier plus grand que 10 est terminé par le même chiffre que le carré de ses unités simples.*

Car les deux premières parties du développement précédent sont terminées par des zéros, dont la somme des unités simples des 3 parties se réduit aux unités de 7^2.

276. THÉORÈME. — *La différence des carrés de deux nombres entiers consécutifs est le double du plus petit nombre plus 1.*

Car

$$(a+1)^2 = a^2+2a+1 \text{ d'où } (a+1)^2 - a^2 = 2a+1.$$

277. Tableau des carrés des nombres d'un chiffre.

$$1,\ 2,\ 3,\ 4,\ 5,\ 6,\ 7,\ 8,\ 9,\ \alpha,\ \epsilon,$$

Système décimal :

$$1,\ 4,\ 9,\ 16,\ 25,\ 36,\ 49,\ 64,\ 81$$

Système duodécimal :

$$1,\ 4,\ 9,\ 14,\ 21,\ 30,\ 41,\ 54,\ 69,\ 84,\ \alpha\,1.$$

Ce tableau montre que le carré d'un nombre entier est terminé dans le système décimal par l'un des chiffres

$$1,\ 4,\ 5,\ 6,\ 9$$

et dans le système duodécimal par l'un des caractères

$$0,\ 1,\ 4,\ 9.$$

278. THÉORÈME. — *Dans le système décimal, le carré d'un nombre entier terminé par des zéros a deux fois autant de zéros que ce nombre.*

En effet

$$37000^2 = 37^2 \times 1000^2$$

Or 37^2 n'est pas terminé par un zéro, donc le carré aura 6 zéros sur sa droite.

REMARQUE. — Le tableau précédent prouve qu'il n'en n'est pas nécessairement ainsi dans le système duodécimal.

REMARQUE. — D'après cela, dans le système décimal, un nombre entier terminé par un nombre impair de zéros n'est pas un carré parfait.

279. THÉORÈME. — *Dans le système décimal, le carré d'un nombre entier terminé par 5 est terminé par 25.*

En effet :

$$75^2 = (70+5)^2 = 70^2 + 2 \times 70 \times 5 + 5^2$$

Or dans ce développement chacune des deux premières parties est terminée par deux zéros, donc la somme des 3 parties est terminée par le carré de 5.

REMARQUE. — Dans tout système de numération si le dernier chiffre à droite d'un nombre entier est la moitié de la base, son carré est terminé par le carré de ce chiffre.

Racine carrée à moins d'une unité.

280. DÉFINITION. — *La racine carrée a d'un nombre A à moins d'une unité près par défaut est le plus grand nombre entier dont le carré peut se retrancher du nombre proposé.*

C'est-à-dire qu'on a :

$$a^2 \leqq A < (a+1)^2$$

$(a+1)$ est la racine de A à moins d'une unité par excès. proposons nous de déterminer a.

1º Cas des nombres entiers,

281. Tous les cas possibles se ramènent à deux.

282. 1º *Le nombre a deux chiffres au plus ou est moindre que 100.*

On trouve la racine, dans le tableau des carrés des nombres d'un chiffre à côté du plus grand carré contenu dans le nombre proposé.

Ainsi dans le système décimal, la racine de 40 à moins d'une unité près est 6 dans le système duodécimal, celle de 29 est 5.

283. 2º *Le nombre surpasse 100.* On ramène le calcul à des opérations connues à l'aide des deux principes suivants :

284. Théorème I. — *Si on extrait à moins d'une unité et par défaut la racine carrée des centaines (des unités du 3ᵉ ordre) du nombre proposé, on obtient les dizaines, (les unités du 2ᵉ ordre) de la racine demandée.*

Considérons le nombre 4482 dans le système décimal.

La racine carrée de 44 à moins d'une unité près, par défaut, est 6 ; c'est-à-dire qu'on a :

$$6^2 \leqq 44 < 7^2 (1)$$

Et dans cette inégalité les deux nombres 44 et 7^2 diffèrent au moins de 1.

On en déduit :

$$90^2 \leqq 4400 < 70^2 (2)$$

Et dans cette nouvelle inégalité les nombres 4400 et 70^2

diffèrent au moins de 100 ; donc en ajoutant 82 à 4400, on aura un nombre inférieur à 70^2 c'est-à-dire qu'on aura :

$$60^2 < 4482 < 70^2$$

En d'autres termes Il y a 6 dizaines à la racine.

C. Q. F. D.

REMARQUE. — Ce raisonnement s'applique évidemment à tous les systèmes.

285. THÉORÈME II. — *Si après avoir trouvé les dizaines (les unités du 2e ordre) de la racine, on en fait le carré et qu'on le retranche des centaines (des unités du 3e ordre) du nombre proposé, qu'on écrive à la droite du reste les deux premiers chiffres de ce nombre ; enfin qu'on divise les dizaines (les unités du 2e ordre) du résultat par le double des dizaines (des unités du 2e ordre) de la racine, on a une limite supérieure du chiffre des unités.*

Soit b le chiffre des unités (exemple précédent) la racine carrée cherchée est $60+b$ et on a :

$$4482 \geqq (60+b)^2 \text{ ou } 60^2+2\times60\times b+b^2$$

d'où :

$$4482-60^2 \text{ ou } 882 \geqq 2\times60\times b+b^2 \quad (1)$$

Il résulte de cette inégalité que le 1er membre contient au moins autant de dizaines que la première partie du second, c'est-à-dire qu'on a :

$$88 \geqq 2\times6\times b$$

Ainsi le quotient de 88 par 2×6 est au moins égal à b.

C. Q. F. D.

On trouve ici 7.

286. MANIÈRE SIMPLE D'ESSAYER LA LIMITE TROUVÉE 7 —

Pour que 7 soit le chiffre des unités il suffit qu'on ait:

$$4482 \geqq 67^2 \text{ ou } 60^2 + 2 \times 60 \times 7 + 7^2$$

ou bien

$$4482 - 60^2 \geqq 120 \times 7 + 7^2 \text{ ou } (120 + 7)7$$

ou bien

$$882 \geqq 127 \times 7.$$

D'APRÈS CELA : *On écrira la limite trouvée à la droite du double des dizaines de la racine et on multipliera le nombre ainsi formé par la limite en question; si le produit peut se retrancher de 882, la limite obtenue sera le chiffre des unités de la racine.*

REMARQUE. — Si la soustraction est impossible on essaiera de la même manière le chiffre immédiatement inférieur, puis le suivant jusqu'à ce que la soustraction puisse se faire. On aura alors le chiffre inconnu.

287. Actuellement proposons-nous d'extraire la racine carrée de 627396 à moins d'une unité près dans le système décimal.

Disposition du calcul.

62 73 96	79	
13 73	149	1582
32 96	9	2
1 32	1341	3164

Ce nombre surpasse 100, donc en cherchant la racine carrée de 6273 à moins d'une unité, nous aurons les dizaines de la racine demandée (1er principe).

A son tour 6273 surpasse 100 donc la racine carrée 7 du nombre 62 à moins d'une unité est le nombre des dizaines de sa racine (1er principe)

J'élève 7 au carré, 49; je retranche de 62 il reste 13; j'écris à la droite du reste les chiffres 7 et 3, ce qui donne 1373; en divisant 137 par 7×2 ou 14 j'ai une limite supérieure 9 du chiffre des unités de la racine (2e principe).

Je l'écris à la droite de 14, 149; et je multiplie par 9, 1341; ce produit peut être retranché de 1373, et le reste est 32; donc 9 est le chiffre des unités.

Ainsi déjà 79 est la racine carrée de 6273 à moins d'une unité; par suite c'est le nombre des dizaines de la racine carrée de 627396; de plus le reste 32 est la différence entre 6273 et 79^2, puisqu'on l'a trouvé en retranchant de 6273 successivement $70^2 + 2 \times 70 \times 9 + 9^2$.

A la droite de 32 j'écris 96, 3296; je divise 329 par 79×2 ou 158; le quotient 2 est une limite supérieure du chiffre des unités de la racine demandée (2e principe) Je l'écris à la droite de 158, 1582; je multiplie par 2, 3164; ce produit peut se retrancher de 3296 et 2 est le chiffre des unités.

La racine cherchée est donc 792.

288. De la la Règle. — *Partagez le nombre en tranches de deux chiffres, à partir de la droite; la dernière tranche à gauche pourra n'avoir qu'un chiffre. Prenez la racine carrée de la première tranche à gauche et vous avez le 1er chiffre à gauche de la racine.*

Faites-en le carré, retranchez-le de la 1re tranche et mettez la 2e tranche à la droite du reste; divisez les dizaines du nombre ainsi formé par le double du 1er

chiffre de la racine; écrivez le quotient à la droite du diviseur et au-dessous, faites le produit des deux nombres et retranchez-le du 1ᵉʳ reste suivi de la 2ᵉ tranche. Si la soustraction est possible, vous avez le 2ᵉ chiffre de la racine, si elle ne l'est pas, diminuez d'une, de deux..... unités le chiffre essayé jusqu'à ce que la soustraction puisse se faire.

A la droite du 2ᵉ reste abaissez la 3ᵉ tranche et divisez les dizaines du nombre ainsi obtenu par le double du nombre trouvé à la racine, vous aurez une limite supérieure du 3ᵉ chiffre; écrivez cette limite à la droite du double du nombre déjà obtenu à la racine multipliez ce résultat par la limite en question et retranchez le produit du 2ᵉ reste suivi de la 3ᵉ tranche; si la soustraction est possible, la limite essayée est le 3ᵉ chiffre de la racine, dans le cas contraire essayez de la même manière le chiffre inférieur, puis le suivant etc.

Continuez ainsi jusqu'à ce que toutes les tranches aient été abaissées.

Remarque. — Vous avez la règle pour un système quelconque en remplaçant les mots *dizaine* et *centaine* par les expressions *unité du 2ᵉ ordre, unité du 3ᵉ ordre.*

289. Le Reste. — C'est la différence entre le nombre proposé A et le carré a^2 de sa racine par défaut.

Ainsi par définition, $R = A - a^2$

On a vu qu'on a :

$$a^2 \leqq A < (a+1)^2$$

On en déduit

$$A - a^2 \text{ ou } R < (a+1)^2 - a^2 \text{ ou } 2a+1$$

C'est-à-dire que *le reste est moindre que le double de la racine trouvée plus 1.*

290. Théorème. — *Si on a* $R \leq a$, *a est la racine de* A *par défaut à moins d'une demi unité près.*

En effet on a

$$R = A - a^2$$

Par suite

$$A - a^2 < a \quad \text{et} \quad A < a^2 + a$$

A fortiori

$$A < a^2 + a + \frac{1}{4} \quad \text{ou} \quad \left(a + \frac{1}{2} \right)^2$$

Ainsi A est compris entre a^2 et $\left(a + \frac{1}{2} \right)^2$

$$\text{C. Q. F. D.}$$

291. Théorème. — *Si on a* $R > a$, $(a+1)$ *est la racine carrée de* A *à moins d'une demi unité pris par excès.*

En effet puisque $\quad R = A - a^2$

On a $\quad\quad A - a^2 > a \quad \text{ou} \quad A > a^2 + a$

D'où

$$A > a^2 + a + \frac{1}{4},$$

Car A surpasse $a^2 + a$ au moins d'une unité.

Ainsi on a

$$\left(a + \frac{1}{2} \right)^2 < A < (a+1)^2 \quad\quad \text{C. Q. F. D.}$$

2° Cas des fractions.

292. On ramène l'opération à la précédente à l'aide de ce principe :

THÉORÈME. — *La racine carrée à moins d'une unité près d'un nombre A, qui n'est pas entier est la même que celle de sa partie entière E.*

$$(A = E+f, \ f<1)$$

En effet soit a la racine carrée de E par défaut,

On a :

$$a^2 \leq E < (a+1)^2 \ (1)$$

Et les deux derniers nombres E et $(a+1)^2$ diffèrent au moins d'une unité, donc en ajoutant à E la fraction f plus petite que 1, on a aussi

$$a^2 < E+f < (a+1)^2 \text{ ou } a^2 < A < (a+1)^2$$

C. Q. F. D.

293. DE LÀ LA RÈGLE. — *Extrayez à moins d'une unité près la racine carrée de la partie entière du nombre proposé.*

294. Application au nombre $\dfrac{697825}{17} = A$

Il suffit d'indiquer les calculs

697825	17	
1782	41048	202
145	1048	4, 402
9	244	2

La partie entière est 41048 et sa racine carrée est 202

Racine Carrée à moins de $\frac{1}{n}$.

295. Définition. — *C'est la plus grande fraction de dénominateur n dont le carré peut se retrancher du nombre donné* A.

Si on la désigne par $\frac{p}{n}$,

On a :

$$\frac{p^2}{n^2} < A < \frac{(p+1)^2}{n^2} \quad (1)$$

296. En multipliant ces trois nombres par n^2, on trouve :

$$p^2 < An^2 < (p+1)^2 \quad (2)$$

C'est-à-dire que p est la racine carrée de An^2 à moins d'une unité près par défaut. — Cette propriété ramène immédiatement la recherche de la racine à moins de $\frac{1}{n}$ à celle de la racine carrée à moins d'une unité et on a la règle suivante :

297. Règle. — *Pour avoir la racine d'un nombre à moins de $\frac{1}{n}$, multipliez-le par n^2, cherchez la racine carrée du produit d'une unité et divisez-la par n.*

298. Si $n = 10^m$, on a l'évaluation des racines à moins d'une unité de la forme $\frac{1}{10^m}$ (à moins d'une unité décimale dans le système usuel.)

299. Applications.

1° Racine de $\frac{6213}{13}$ à moins de $\frac{1}{7}$

Tableau des Calculs.

$$
\begin{array}{r}
6213 \\
7^2 \quad 49 \\
\hline
55917 \\
24852 \\
\end{array}
$$

304437	13		
44	23418	153	
54	134	25	303
23	918	5	3
107	9		
3			

Le produit

$$\mathrm{A}n^2 = \frac{6213 \times 7^2}{13} = \frac{304\,437}{13}$$

Sa partie entière est 23418; sa racine à moins d'une

unité est 153; et $\dfrac{153}{7}$ est la racine par défaut à moins

de $\dfrac{1}{7}$.

2° Racine de $\dfrac{697}{12}$ à moins de $\dfrac{1}{100}$

6970000	12		
97	580833	762	
100	908	146	1522
40	3233	6	2
40	189		

Le produit $An^2 = \dfrac{6970000}{12}$; sa partie entière $= 580833$;

sa racine carrée à moins d'une unité est 762.

Et on a :

$$\frac{p}{100} = 7,62.$$

Dans la pratique, on n'écrit pas les zéros à la droite du numérateur et on opère comme s'ils y étaient.

300. On démontre facilement que 1° pour avoir la racine carrée de $\dfrac{a}{b^2}$ à moins de $\dfrac{1}{b}$. Il suffit de diviser par b la racine carrée de a à moins d'une unité près.

2° Pour avoir la racine carrée de $\dfrac{a}{b}$ à moins de $\dfrac{1}{b}$ il suffit d'extraire celle de $\dfrac{ab}{b^2}$ et par suite de diviser par b la racine carrée de ab à moins d'une unité.

301. Théorème. — *Si on évalue à moins de $\dfrac{1}{10^m}$ la racine carrée d'un nombre qui n'est pas un carré parfait et qu'on prenne m de plus en plus grand, la fraction illimitée qu'on obtient n'est pas périodique.*

En effet supposons que $\sqrt{2}$ donne naissance à une fraction périodique, la limite de cette fraction sera égale à une fraction irréductible, mais déjà cette limite est $\sqrt{2}$ ainsi 2 serait le carré d'une fraction.

Ce qui est contraire à l'hypothèse.

8

Racine carrée à moins de $\dfrac{p}{q}$

302. DÉFINITION. — *Si on multiplie* $\dfrac{p}{q}$ *successivement par* 1, 2, 3, 4, ... *et qu'on élève les produits au carré :*

$$\frac{p^2}{q^2}, \ \frac{p^2}{q^2}\times 2^2, \ \frac{p^2}{q^2}\times 3^2$$

un nombre A *quelconque est toujours compris entre deux résultats consécutifs ; par exemple :*

$$\frac{p^2}{q^2}\,x^2 < A < \frac{p^2}{q^2}\,(x+1)^2 \ (1)$$

$\dfrac{px}{q}$ *s'appelle la racine carrée de* A *à moins de* $\dfrac{p}{q}$ *par défaut et* $\dfrac{p(x+1)}{q}$ *est sa racine carrée par excès.*

303. De l'inégalité (1) on déduit la suivante:

$$x^2 < \frac{Aq^2}{p^2} < (x+1)^2 \ (2)$$

Elle montre que x est la racine carrée de $\dfrac{Aq^2}{p^2}$ à moins d'une unité près, et donne la règle à suivre pour trouver la racine carrée de A à moins de $\dfrac{p}{q}$ et par défaut.

304. THÉORÈME. — *Si un nombre* A *entier n'est pas le carré d'un nombre entier, il n'est pas non plus le carré d'une fraction.*

Car le carré d'une fraction irréductible est lui-même une fraction irréductible.

CHAPITRE II.

RACINE CUBIQUE.

305. DÉFINITIONS. — 1° *Le cube d'un nombre entier ou fractionnaire est le produit de 3 facteurs égaux à ce nombre. On l'appelle encore cube parfait.*

2°. *Le facteur d'un cube parfait en est la racine cubique.*

3° *La racine cubique d'un nombre A qui n'est pas un cube parfait est un nombre plus grand que les nombres entiers ou fractionnaires dont le cube est inférieur à A, et plus petit que ceux dont le cube surpasse A.*

306. NOTATION. — La racine cubique d'un nombre A,

qu'il soit ou non un cube parfait se représente par $\sqrt[3]{A}$.

307. THÉORÈME. — *Lorsqu'un nombre A n'est pas un cube parfait, on peut trouver des fractions aussi voisines qu'on veut de sa racine cubique.*

En effet, en élevant au cube les fractions

$$\frac{1}{m}, \ \frac{2}{m}, \ \frac{3}{m}, \ldots\ldots\ldots$$

On trouve :

$$\frac{1}{m^3}, \ \frac{2^3}{m^3}, \ \frac{3^3}{m^3}, \ldots\ldots\ldots$$

A est compris entre deux consécutifs de ces nombres, par exemple entre

$$\frac{p^3}{m^3} \quad \text{et} \quad \frac{(p+1)^3}{m^3}$$

et sa racine sera comprise entre $\dfrac{p}{m}$ et $\dfrac{p+1}{m}$, dont la différence $\dfrac{1}{m}$ peut-être rendue aussi petite qu'on veut.

308. Conséquences. — 1° On peut considérer $\sqrt[3]{A}$ comme la limite commune de $\dfrac{p}{m}$ et de $\dfrac{p+1}{m}$ quand m croît au-delà de toute limite.

2° On a :

$$\lim. \frac{p^3}{m^3} = A \quad \text{et} \quad \lim. \frac{p}{m} = \sqrt[3]{A},$$

Mais

$$\frac{p^3}{m^3} = \left(\frac{p}{m}\right)^3 \quad \text{donc} \quad A = \left(\sqrt[3]{A}\right)^3.$$

309. Les expressions numériques de la forme $\sqrt[3]{A}$, quand A n'est pas un cube parfait, sont encore des nombres incommensurables.

310 Définition. — *L'extraction de la racine cubique a pour objet, un nombre étant donné, 1° de trouver sa racine cubique, quand il est cube parfait, 2° et dans le cas contraire en trouver des valeurs approchées commensurables.*

La résolution de cette question repose sur un certain nombre de principes.

311. Théorème. — *Le cube d'une somme de deux parties égale le cube de la première, plus le triple carré de la 1re par la 2e, plus le triple de la 2e par le carré de la 1re, plus le cube de la 2e.*

En effet :

$$(a+b)^3 = (a+b)^2 \, (a+b) = (a^2+2ab+b^2) \, (a+b)$$
$$(a+b)^3 = a^3+2a^2b+ab^2+a^2b+2ab^2+b^3$$
$$(a+b)^3 = a^3+3a^2b+3ab^2+b^3. \qquad \text{C. Q. F. D.}$$

312. Conséquence. — *Le cube d'un nombre entier plus grand que 10 contient le cube de ses dizaines, le triple carré des dizaines par les unités, le triple des dizaines par le carré des unités et le cube des unités.*

Car

$$78^3 = (70+8)^3 = 70^3+3\times70^2\times8+3\times70\times8^2+8^3$$
$$\text{C. Q. F. D.}$$

Il en résulte que le cube d'un nombre entier plus grand que 10 est terminé par le même chiffre que le cube de ses unités.

313. Théorème. — *La différence des cubes de deux nombres entiers consécutifs égale le triple carré du plus petit des deux nombres, plus le triple de ce nombre, plus 1.*

En effet,
$$(a+1)^3 = a^3+3a^2+3a+1$$
D'où
$$(a+1)^3 - a^3 = 3a^2+3a+1$$

314. Tableau des cubes des nombres d'un chiffre.

$$1, 2, 3, 4, 5, 6, 7, 8, 9.$$

Système décimal

$$1, 8, 27, 64, 125, 216, 343, 512, 729$$

On formerait facilement ce tableau pour tout autre système.

Aucun d'eux, dans le système décimal, n'est terminé par un zéro.

315. THÉORÈME. — *Dans le système décimal, le cube d'un nombre entier terminé par des zéros a trois fois autant de zéros que le nombre.*

En effet

$$7200^3 = 72^3 \times 100^3$$

72^3 n'a pas de zéros à sa droite, 100^3 en a 3 fois autant que 7200, donc le théorème est démontré.

CONSÉQUENCE. — *Dans le système décimal, un nombre entier terminé par des zéros ne peut-être un cube parfait si le nombre des zéros n'est pas divisible par 3.*

Racine Cubique à moins d'une unité.

316. DÉFINITION. — *La racine cubique d'un nombre à moins d'une unité près par défaut est le plus grand des nombres entiers dont le cube est moindre que le nombre proposé.* — En d'autres termes, si a est un nombre entier, et si on a :

$$a^3 \leq A < (a+1)^3,$$

a est la racine cubique de A à moins d'une unité par défaut, $(a+1)$ est la valeur par excès.

1° CAS DES NOMBRES ENTIERS.

317. Tous les cas possibles se ramènent à deux :

318. *1° Le nombre est moindre que 1000.*

Sa racine se trouve dans le tableau des cubes des nombres d'un chiffre.

Ainsi, dans le système décimal, le plus grand cube entier contenu dans 452 est 343 et sa racine cubique à moins d'une unité est 7.

319. *2° Le nombre surpasse 1000.*

On ramène le calcul à des opérations connues à l'aide des deux principes suivants :

320. Théorème I. — *Si on extrait à moins d'une unité près par défaut, la racine cubique des mille (des unités du 4e ordre) du nombre proposé, on obtient les dizaines (les unités du 2e ordre) de la racine cherchée.*

Soit 89 657 ; la racine cubique de 89 à moins d'une unité est 4, c'est-à-dire qu'on a :

$$4^3 \leqq 89 < 5^3 \ (1)$$

D'où

$$40^3 \leqq 89000 < 50^3 \ (2)$$

Les deux derniers nombres de (1) diffèrent au moins d'une unité, donc les deux derniers nombres de (2) diffèrent au moins de 1000, par suite en ajoutant 657 à 89000, on a encore :

$$40^3 < 89657 < 50^3 \ (3)$$

C'est-à-dire qu'il y a 4 dizaines dans la racine.

321. Théorème II. — *Si on retranche des mille (des unités du 4e ordre) du nombre proposé le cube des dizaines (des unités du 2e ordre) de la racine et qu'on abaisse à la droite du reste les autres chiffres du nombre, en divisant les centaines (les unités du 3e ordre) du résultat par le* *triple carré des dizaines (des unités du 2e ordre) du nombre proposé, on a une limite supérieure du chiffre des unités.*

Soit b le chiffre des unités ;

On a :

$$89.657 \geqq (40+b)^3 \text{ ou } 40^3 + 3.40^2.b + 3.40.b^2 + b^3$$

D'où :

$$89657 - 40^3 \text{ ou } 25657 \geqq 3.40^2 b + 3.40.b^2 + b^3$$

Il en résulte que le 1er membre contient au moins autant de centaines que la 1re partie du second, c'est-à-dire qu'on a :

$$256 \geqq 3.4^2.b$$

Donc en divisant 256 par 3×4^2 on a une limite supérieure de b. — Dans cet exemple on trouve 5.

322. Manière simple d'essayer la limite trouvée. — Pour que 5 soit le chiffre des unités de la racine, il faut qu'on ait :

$$89657 \geqq (40+5)^3 \text{ ou } 40^3 + 3 \times 40^2 \times 5 + 3 \times 40 \times 5^2 + 5^3$$

Ou bien

$$89657 - 40^3 \geqq (3 \times 40^2 + 3 \times 40 \times 5 + 5^2)5$$

C'est-à-dire

$$25657 \geqq (3 \times 40^2 + 3 \times 40 \times 5 + 5^2)5$$

On vérifie cette inégalité. — *En d'autres termes on fait le triple carré des dizaines de la racine et on écrit deux zéros sur sa droite, on multiplie le triple des dizaines par la limite trouvée et on met un zéro à la droite de ce produit, on fait le carré de la limite, on additionne ces 3 nombres et on multiplie la somme par cette limite ; si le produit peut se retrancher de 25657 la limite obtenue est le chiffre des unités de la racine.*

323. PROBLÈME. — *Former, d'une manière simple, à l'aide des calculs précédents, le triple carré de la racine obtenue.*

On a :

$$3 \times 40^2 = 4800$$
$$3 \times 40 \times 5 = 600$$
$$5^2 = 25$$

Donc :

$$3 \times 40^2 + 3 \times 40 \times 5 + 5^2 = 5425$$

Ecrivez sous cette somme 5^2 ou 25 et additionnez les nombres placés les uns au-dessus des autres à l'exception de 4800 ou de 3×40^2 vous trouvez 6075, qui est le triple carré de 45.

En effet :

$$600 = 3 \times 40 \times 5$$
$$25 = 5^2$$
$$5425 = 3 \times 40^2 + 3 \times 40 \times 5 + 5^2$$
$$25 = 5^2$$

Donc

$$6075 = 3(40 + 5)^2 \text{ ou } 3 \times 45^2$$

C. Q. F. D.

APPLICATION.

324. Actuellement, proposons-nous d'extraire la racine cubique à moins d'une unité de :

$$112.\ 624.\ 236.$$

Dans le système décimal.

Disposition du Calcul.

```
112 624 236  | 482
 48 624      | ‾‾‾‾
             | 4800
  2 032 236  |  960
    644 068  |   64
             | ‾‾‾‾‾ ×8
             | 5824
             |   64
             | ‾‾‾‾‾‾
             | 691200
             |   2880
             |      4
             | ‾‾‾‾‾‾
             | 694084 ×2
```

Le nombre proposé surpasse 1000, donc la racine cubique de ses unités de mille 112 624 est le nombre des dizaines de la racine cherchée (1er principe).

A son tour 112 624 surpasse 1000, donc la racine cubique de 112 à moins d'une unité est le nombre des dizaines de la racine de 112624 (1er principe).

Enfin 112 est moindre que 1000 et sa racine est 4, donc la racine de 112624 à 4 dizaines (1er principe).

Retranchez de 112 le cube de 4, à la droite du reste 48 abaissez 624; divisez les centaines de 48624, c'est-à-dire 486 par 3×4^2 ou 48, le quotient 8 est une limite supérieure du chiffre des unités (2e principe).

En essayant 8 comme on l'a dit plus haut on reconnaît qu'il est justement le chiffre des unités et on obtient un reste 2032.

D'après la manière même dont le reste est obtenu on voit qu'il n'est autre chose que la différence entre 112624 et 48^3 c'est-à-dire le cube des dizaines de la racine cubique de 112624236.

A la droite de 2032 mettez 236 ; formez le produit 3×48^2, comme on vient de le dire et divisez les centaines 20322 de 2032236 par ce produit ; et vous avez une limite supérieure du chiffre des unités. Le calcul donne 2 et en essayant le chiffre on reconnaît qu'il est le chiffre des unités.

325. *Ce raisonnement donne la règle.*

Partagez le nombre en tranches de 3 chiffres, de droite à gauche. (La dernière tranche à gauche pourra n'avoir qu'un ou deux chiffres).

Cherchez la racine cubique à moins d'une unité près de la 1re tranche à gauche, vous avez le chiffre des unités les plus élevées de la racine.

Faîtes-en le cube, retranchez-le de la 1re tranche, abaissez la 2e tranche à la droite du reste et divisez les centaines du nombre ainsi formé par le triple carré du 1er chiffre de la racine vous aurez une limite supérieure du 2e chiffre de la racine. Cherchez à l'aide de cette limite, par les essais indiqués plus haut le 2e chiffre de la racine, vous obtenez en même temps un 2e reste.

A la droite du 2e reste abaissez la 3e tranche ; divisez les centaines du nombre ainsi formé par le triple carré du nombre déjà obtenu à la racine, vous avez une limite supérieure du 3e chiffre etc.

Vous continuez de la sorte jusqu'à ce que toutes les tranches aient été abaissées.

326. Définition du reste. — *C'est la différence entre le nombre proposé A et le plus grand cube entier a^3 qu'il contient.*

On a vu qu'on a :

$$a^3 < A < (a+1)^3$$

On en tire :

$$\text{R ou A}-a^3 < 3a^2+3a+1$$

Le reste est plus petit que le triple carré de la racine plus le triple de ce nombre plus 1.

2º Cas des fractions.

327. Théorème. — *La racine cubique à moins d'une unité près d'un nombre A qui n'est pas entier est la même que celle de sa partie entière E.*

Soit $A = E + f$, E étant entier et $f < 1$

Soit a la racine cubique de E à moins d'une unité près ,

On a :

$$a^3 \leqq E < (a+1)^3 \quad (1)$$

et dans cette inégalité les deux derniers nombres E et $(a+1)^3$ diffèrent au moins d'une unité, donc en ajoutant f à E

On a encore :

$$a^3 < E+f < (a+1)^3 \text{ ou } a^3 < A < (a+1)^3$$

C. Q. F. D.

Ce théorème ramène immédiatement l'extraction de la racine cubique des fractions à moins d'une unité au cas des nombres entiers.

Racine cubique à moins de $\dfrac{1}{n}$

328. Définition — *La racine cubique d'un nombre, A à moins de $\dfrac{1}{n}$ est la plus grande fraction de dénomi-*

nateur n dont le cube peut se retrancher du nombre proposé.

Si on la désigne par $\dfrac{p}{n}$

on a :

$$\frac{p^3}{n^3} < A < \frac{(p+1)^3}{n^3} \quad (1)$$

329. En multipliant ces 3 nombres par n³, on trouve :

$$p^3 < An^3 < (p+1)^3 \quad (2)$$

Cette inégalité montre que p est la racine cubique de An^3 à moins d'une unité. — Cette propriété ramène l'extraction de la racine cubique à moins de $\dfrac{1}{n}$ à l'extraction de la racine cubique à moins d'une unité et on a cette règle :

330. RÈGLE. — *Pour extraire la racine cubique d'un nombre à moins de* $\dfrac{1}{n}$, *multipliez-le par n³, cherchez la racine du produit à moins d'une unité et divisez-la par n.*

331. Si $n = 10^m$ on a l'évaluation des racines cubiques à moins de $\dfrac{1}{10^m}$ ou d'une unité décimale, dans le système usuel.

On applique facilement à des exemples.

332. Il résulte très-simplement des considérations précédentes que : 1° la racine cubique de $\dfrac{a}{b^3}$ à moins de $\dfrac{1}{b}$ s'obtient en divisant par b la racine cubique de a à moins d'une unité. — 2º La racine cubique de $\dfrac{a}{b^2}$ à

moins de $\dfrac{1}{b}$ s'obtient en prenant la racine cubique de

ab à moins d'une unité et la divisant par b. — 3º Enfin

la racine cubique de $\dfrac{a}{b}$ à moins de $\dfrac{1}{b}$ est le quotient

par b de la racine de ab^2 à moins d'une unité.

333. Théorème. — *Si on évalue à moins de* $\dfrac{1}{10^{\text{m}}}$ *la*

racine cubique d'un nombre A *en prenant m de plus en plus grand, on obtient une fraction illimitée, qui ne peut être périodique.*

La démonstration se fait comme dans le cas de la racine carrée.

334. D'après ce qui a été dit à propos de la racine carrée on voit immédiatement ce que c'est que la racine

cubique d'un nombre à moins de $\dfrac{p}{q}$, et comment on

l'obtient.

335. On démontre facilement que si un nombre entier n'est pas le cube d'un nombre entier il n'est pas non plus le cube d'une fraction.

CHAPITRE III.

GÉNÉRALITÉS SUR LES NOMBRES INCOMMENSURABLES.

336. DÉFINITION. — Nous avons déjà dit que toute expression numérique qui ne réprésente ni un nombre entier ni une fraction reçoit le nom de nombre incommensurable.

Les expressions de ce genre auxquels conduisent les extractions de racines sont encore appelés nombres irrationnels.

337. Nous avons vu, pour les nombres irrationnels auxquels conduisent les deux opérations précédentes, qu'on peut toujours trouver des nombres commensurables plus grands ou plus petits qu'eux et qui en approchent aussi près qu'on veut.

En d'autres termes, on peut les considérer comme les limites de nombres commensurables variables. Nous admettons cette propriété comme vraie pour tous les nombres incommensurables (on pourra la vérifiertoutes les fois qu'on rencontrera de nouvelles expressions numériques de ce genre.)

338. Nous admettons comme évident que le résultat d'opérations indiquées sur les *limites* de *quantités variables* est la limite des résultats qu'on obtient en indiquant ces opérations sur les variables et en faisant tendre ces variables vers leurs limites respectives.

(La limite d'une somme est la somme des limites des parties. La limite d'un produit est le produit des limites des facteurs. La limite d'un quotient est le quotient des limites de ses termes, etc.)

En particulier le résultat d'opérations indiquées sur des nombres incommensurables est la limite des résultats qu'on trouve en effectuant les opérations sur des nombres commensurables de plus en plus voisins des premiers et les ayant respectivement pour limites.

339. Dès lors, toutes les transformations qui expriment des propriétés communes aux nombres entiers et aux fractions sont vraies pour les nombres incommensurables; c'est pourquoi on les appelle les propriétés générales des nombres.

On établit ce fait à l'aide d'un raisonnement très-simple que nous ferons une seule fois.

Prouvons par exemple que : *dans une somme de nombres incommensurables on peut changer l'ordre des parties* ou bien que

$$\sqrt{2} + \sqrt[3]{3} = \sqrt[3]{3} + \sqrt{2} \quad (1)$$

Soient α, β, deux nombres *commensurables variables* ayant respectivement pour limites $\sqrt{2}$ et $\sqrt[3]{3}$

On a vu que :

$$\alpha + \beta = \beta + \alpha \quad (2)$$

C'est-à-dire que les deux sommes représentent le même nombre sous deux formes différentes, donc leurs limites

$$\sqrt{2} + \sqrt[3]{3} \text{ et } \sqrt[3]{3} + \sqrt{2}$$

ne diffèrent elles-mêmes que par la forme ou sont égales.

C. Q. F. D.

339. Rappelons seulement les autres transformations importantes :

1° *Addition et Soustraction :*

$$a+b+c+d=(a+b)+c+d\ ;\ a+(b+c)=a+b+c\ ;$$
$$(a+b)+(c+d)=a+b+c+d\ ;\ a-(b+c)=a-b-c\ ;$$
$$a+(b-c)=a+b-c\ ;\ a-(b-c)=a-b+c\ ;$$
$$a-b+c-d=(a+c)-(b+d).$$

2° *Multiplication et Division.*

$$(a+b\ldots)m=am+bm+\ldots \quad \text{et ses conséquences}$$
$$(a-b)\,m\ =am-bm \quad\quad \text{et ses conséquences}$$
$$abcde\ \ \ \ =adcbe \quad\quad\quad \text{et ses conséquences}$$

$$a^m.a^p.a^q=a^{m+p+q}\ ;\ \frac{a^m}{a^p}=a^{m-p}$$

$$(a^m)^p=a^{mp}\ ;\ (abc)^m=a^m b^m c^m.$$

3° *Fractions.*

En adoptant la notation $\dfrac{a}{b}$ pour représenter le quotient de a par b, lorsque a et b sont incommensurables , on obtient des *fractions à termes incommensurables*.

On démontre, par le raisonnement fait plus haut, la transformation $\dfrac{a}{b}=\dfrac{am}{bm}$, pour le cas où a, b, m, sont des nombres incommensurables.

Elle a pour conséquence la possibilité de réduire de pareilles fractions au même dénominateur. Ces fractions possèdent également les propriétés exprimées par les transformations suivantes :

9

$$\frac{a}{d} + \frac{c}{d} + \cdots = \frac{a+c+\cdots}{d} \,;$$

$$\frac{a}{d} - \frac{b}{d} = \frac{a-b}{d} \,;\quad \frac{a}{b} \times \frac{c}{d} = \frac{ac}{bd} \,;$$

$$\frac{\left(\dfrac{a}{b}\right)}{\left(\dfrac{c}{d}\right)} = \frac{ad}{bc} \,.$$

340. THÉORÈME. — *La racine carrée d'un produit est le produit des racines carrées des facteurs, même lorsque les facteurs ne sont pas des carrés parfaits.*

En effet si on élève $\sqrt{abc}$ au carré on trouve abc de même le carré de $\sqrt{a}\,\sqrt{b}\,\sqrt{c}$ est abc, donc on a :

$$\sqrt{abc} = \sqrt{a}\,\sqrt{b}\,\sqrt{c}$$

Il en est de même pour la racine cubique.

REMARQUE. — Cette transformation donne en particulier les suivantes :

$$\sqrt{a^2 b} = a\,\sqrt{b}, \quad \sqrt[3]{a^3 b} = a\,\sqrt[3]{b}.$$

341. THÉORÈME. — *La racine carrée d'un quotient est le quotient de la racine carrée du numérateur par celle du dénominateur, même lorsque ces termes ne sont pas des carrés.*

En effet le carré de $\sqrt{\dfrac{a}{b}}$ est $\dfrac{a}{b}$; c'est aussi celui de $\dfrac{\sqrt{a}}{\sqrt{b}}$

Donc :

$$\sqrt{\frac{a}{b}} = \frac{\sqrt{a}}{\sqrt{b}}$$

Il en est de même pour la racine cubique.

REMARQUE. — Comme cas particuliers on a :

$$\sqrt{\frac{a^2}{b}}=\frac{a}{\sqrt{b}}\;;\;\sqrt{\frac{a}{b^2}}=\frac{\sqrt{a}}{b}\;;$$

$$\sqrt[3]{\frac{a^3}{b}}=\frac{a}{\sqrt[3]{b}}\;;\;\sqrt[3]{\frac{a}{b^3}}=\frac{\sqrt[3]{a}}{b}\cdot$$

342. Les règles données précédemment pour l'extraction de la racine carrée et de la racine cubique des nombres qui ne sont pas entiers s'appliquent aux nombres incommensurables.

CHAPITRE IV

THÉORIE DES APPROXIMATIONS NUMÉRIQUES.

343. Définitions. — 1° Lorsque dans un calcul on substitue un nombre à un autre on dit qu'on le remplace par une valeur approchée par *défaut* ou par *excès* suivant que ce nombre est inférieur ou supérieur à celui qu'il remplace.

2° L'erreur absolue d'un nombre est la différence entre ce nombre et sa valeur approchée; par exemple,

$$\sqrt{2} = 1,4142\ldots$$

Si à la place de $\sqrt{2}$ on prend 1,41, l'erreur absolue ets $\sqrt{2} - 1,41$

Si à la place de $\sqrt{2}$ on prend 1,42, l'erreur absolue est $1,42 - \sqrt{2}$

3° L'erreur relative d'un nombre est le rapport de l'erreur absolue à la valeur exacte; dans les exemples précédents, l'erreur relative

$$\text{est } \frac{\sqrt{2} - 1,41}{\sqrt{2}} \text{ pour le 1}^{\text{er}} \text{ cas}$$

$$\text{et } \frac{1,42 - \sqrt{2}}{\sqrt{2}} \text{ pour le 2}^{\text{e}} \text{ cas.}$$

344. Notation. — Nous désignerons par A, B, C... les nombres exacts; A'B'C'...., seront les valeurs approchées par défaut; A″, B″... les valeurs approchées par excès a, b, c.... les erreurs absolues ; α, ε, γ... les erreurs relatives.

Si A est remplacé par A'

$$a = A - A', \quad \alpha = \frac{a}{A} \text{ ou } \frac{A - A'}{A}$$

Si A est remplacé par A″

$$a = A'' - A, \quad \alpha = \frac{a}{A} = \frac{A'' - A}{A}$$

Ces définitions donnent des relations utiles.

345. Dans les calculs , on ne connaît pas les erreurs; on a besoin d'en connaître seulement des limites supérieures. Les limites utiles sont, pour des erreurs absolues, les unités décimales c'est-à-dire les nombres de la forme $\dfrac{1}{10^m}$; pour les erreurs relatives on emploie en outre les nombres de la forme $\dfrac{1}{K.10^m}$, K étant entier.

346. La connaissance de l'erreur absolue d'un nombre (ou d'une limite de cette erreur) ne renseigne pas sur le dégré de précision avec lequel le nombre est calculé. En effet une erreur moindre qu'un centième par exemple sera très petite si le nombre est très grand, elle pourra être considérable si le nombre est petit.

L'erreur relative donne seule une idée exacte du dégré

d'approximation obtenu. Si on sait en effet que l'erreur relative α ou $\dfrac{a}{A}$ d'un nombre A est moindre que $\dfrac{1}{1000}$

ou bien que $\qquad \dfrac{a}{A} < \dfrac{1}{1000}$

Cela veut dire que le nombre A est calculé à moins d'un millième de sa valeur $\left(a < \dfrac{A}{1000} \right)$.

347. La théorie des approximations est l'ensemble des principes qui donnent la solution des 2 questions suivantes:
1° Connaissant les limites des erreurs commises sur les données d'un calcul, trouver une limite aussi petite que possible de l'erreur du résultat.

2° Connaissant une limite de l'erreur à commettre sur un résultat, trouver les limites des erreurs qu'il convient de commettre sur les données.

La limite d'une erreur détermine le dégré d'approximation du résultat.

348. Définition. — On dit qu'un nombre est calculé avec m chiffres exacts lorsque l'erreur absolue est moindre qu'une unité de l'ordre du m^{ie} chiffre à partir du 1er chiffre significatif à gauche (les valeurs approchées sont dans la pratique des nombres entiers ou décimaux). *Cela ne veut pas dire que la valeur approchée soit un nombre de m chiffres.*

Si on appelle U_m l'unité de l'ordre du m^{ie} chiffre
     » a l'erreur absolue

Le nombre est calculé avec m chiffres exacts
Si on a: $\qquad\qquad a < U_m$

OBSERVATION.

Soit $\qquad A = 347,86\ldots$

$$U_1 = 100, \ U_2 = 10, \ U_3 = 1, \ U_4 = \frac{1}{10} \ \text{etc.}$$

Et on a évidemment :

$U_1 < A < 10^1\,U_1$ et aussi : $3\,U_1 < A < 3.10^1\,U_1$

$10^1\,U_2 < A < 10_2\,U_2 \qquad\qquad 3.10\,U_2 < A < 3.10^2\,U_2$

$10^2\,U_3 < A < 10_3\,U_3 \qquad\qquad \ldots\ldots\ldots\ldots\ldots\ldots\ldots\ldots$

$\ldots\ldots\ldots\ldots\ldots\ldots$

$10^{m-1}U_m < A < 10^m U_m \qquad 3.10^{m-1}\,U_m < A < 3.10^m\,U_m$

D'une manière générale, en appelant K le premier chiffre significatif à gauche,

On a :

$$K.10^{m-1}\,U_m < A < K.10^m\,U_m$$

349. THÉORÈME I. — *Si un nombre A est calculé avec m chiffres exacts, l'erreur relative est moindre que* $\dfrac{1}{K10^{m-1}}$,

K *étant son 1er chiffre significatif à gauche.*

HYPOTHÈSE : $\qquad a < U_m \ (1)$

Prouver qu'on a $\alpha < \dfrac{1}{K.10^{m-1}} \ (2)$

En effet, divisons les 2 membres de (1) par A :

On a :

$$\frac{a}{A} \ \text{ou} \ \alpha < \frac{U_m}{A} \ (3)$$

Mais on a :

$$A > K\,10^{m-1}\,U_m$$

Donc à fortiori :

$$\alpha < \frac{U_m}{K\,10^{m-1}\,U_m}$$

$$\text{ou } \alpha < \frac{1}{K\,10^{m-1}} \qquad\qquad \text{C. Q. F. D.}$$

REMARQUE. — On a à fortiori :

$$\alpha < \frac{1}{10^{m-1}}$$

350. THÉORÈME II. — *Si l'erreur relative α d'un nombre*

A *est moindre que* $\dfrac{1}{10^m}$ *on peut affirmer que le nombre*

est calculé avec m chiffres exacts.

HYPOTHÈSE : $\qquad\qquad \alpha < \dfrac{1}{10^m}$ (1)

Prouver qu'on a $\qquad a < U_m$ (2)

En effet, l'inégalité (1) peut s'écrire :

$$\frac{a}{A} < \frac{1}{10^m}$$

Il en résulte :

$$a < \frac{A}{10^m}$$

Mais on a :

$$A < 10^m\,U_m$$

Donc à fortiori :

$$a < \frac{10^m\,U_m}{10^m}$$

Ou $\qquad\qquad\qquad a < U_m \qquad\qquad \text{C. Q. F. D.}$

351. THÉORÈME III. — *Si un nombre* A *est calculé par défaut avec* m *chiffres exacts, et que la valeur approchée ait plus de* m *chiffres, on obtient une valeur approchée avec le même dégré d'approximation en supprimant tous les chiffres à la droite du* m^{ie} *et en augmentant celui-ci d'une unité* (seulement il peut arriver qu'on ne connaisse plus le sens de l'approximation).

Soit 36,8763 une valeur approchée de A par défaut à moins de $\dfrac{1}{10}$ près ou avec 3 chiffres exacts;

On a :

$$36{,}8763 < A < 36{,}9763$$

On a aussi :

$$36{,}8763 < 36{,}9 < 36{,}9763$$

Les 2 nombres A et 36,9 sont compris entre les 2 mêmes nombres dont la différence est $\dfrac{1}{10}$ donc leur diffé-rence est moindre que $\dfrac{1}{10}$

C. Q. F. D.

352. Dans ce qui suit nous chercherons toujours les résultats par défaut, il sera facile de les obtenir alors par excès avec le même dégré d'approximation, si cela est utile.

Addition.

353. Théorème. — *L'erreur absolue d'une somme dont les termes sont calculés par défaut égale la somme des erreurs absolues des termes.*

Appelez

$$A, \quad B, \quad C\ldots, \text{ les termes de la somme}$$
$$A', \quad B', \quad C' \quad \text{les valeurs approchées par défaut}$$
$$a, \quad b, \quad c, \quad \text{les erreurs absolues}$$
$$A - A' = a, \ B - B' = b, \ C - C' = c$$

Donc

$$(A + B + C) - (A' + B' + C') = a + b + c$$

(Cette erreur est moindre que la somme des limites des erreurs des parties).

354. Théorème. — *L'erreur relative d'une somme est comprise entre la plus grande et la plus petite des erreurs relatives des parties.*

En effet l'erreur relative de la somme est $\dfrac{a + b + c}{A + B + C}$

Celles des termes sont:

$$\frac{a}{A}, \ \frac{b}{B}, \ \frac{c}{C}$$

Et on sait que la 1re fraction est comprise entre la plus grande et la plus petite de ces dernières.

Calculer $\pi + \dfrac{3}{7} + \sqrt{2}$ à moins de $\dfrac{1}{1000}$ près

1° Il suffit que l'erreur absolue commise sur chaque terme

soit moindre que $\dfrac{1}{3000}$ et à fortiori moindre que $\dfrac{1}{10000}$ et il suffira de prendre

$$\text{à la place de } \pi, \quad 3,\ 141592$$

$$\text{de } \dfrac{3}{7}, \quad 0,\ 42857$$

$$\text{de } \sqrt{2} \quad 1,\ 4142$$

Et de faire la somme de ces valeurs approchées

$$3,1415 + 0,4285 + 1,4142$$

On trouve $\qquad 4,9842$

Le résultat calculé ainsi avec 4 chiffres exacts est exprimé par un nombre de 5 chiffres. On peut prendre à sa place 4,985 (3ᵉ théorème).

2° On parviendrait au résultat par la considération des erreurs relatives. La partie entière du nombre cherché a 1 chiffre, donc le calculer à moins de $\dfrac{1}{1000}$ revient à le calculer avec 4 chiffres exacts; il suffit pour cela de le calculer avec une erreur relative moindre que $\dfrac{1}{10^4}$ (théorème 2). On remplira cette condition si on calcule tous les termes à moins de $\dfrac{1}{10^4}$ d'erreur relative; cela se fera en prenant 5 chiffres exacts dans chacun d'eux. Cette manière de procéder nous conduirait à prendre un chiffre de plus dans la valeur approchée de $\dfrac{3}{7}$, la première manière est donc préférable ici.

355. Connaissant des limites des erreurs des termes d'une somme, pour avoir une limite de l'erreur de la somme, vous ferez la somme des limites données, elle sera comprise entre 2 unités consécutives, et vous aurez une limite simple en prenant la plus grande de ces unités.

Si les parties sont toutes calculées par excès l'erreur de la somme est encore (par excès) la somme des erreurs des parties. Si les valeurs approchées ne sont pas toutes calculées dans le même sens, l'erreur de la somme est moindre que la somme des erreurs des parties.

Soustraction.

THÉORÈME. — *L'erreur d'une différence dont le 1er terme A est approché par défaut (A') et le 2e B par excès (B") égale la somme des erreurs des termes.*

En effet :

$$A = A' + a \ \& \ B = B'' - b.$$

Donc :

$$(A - B) = (A' - B'') + a + b.$$

C. Q. F. D.

La différence est évidemment calculée par défaut.

REMARQUE I. — Si les deux termes sont approchés dans le même sens l'erreur est moindre que la somme des erreurs des termes, mais le sens de l'approximation peut n'être plus connu.

Remarque ii. — L'erreur relative n'a pas de propriété qu'on puisse utiliser dans les calculs.

Calculer $\pi - \sqrt{2}$ *à moins de* $\dfrac{1}{1000}$ *par défaut.*

On y parviendra en calculant π à moins de $\dfrac{1}{10000}$ par défaut et $\sqrt{2}$ à moins de $\dfrac{1}{10000}$ par excès. L'erreur de la différence sera moindre que $\dfrac{2}{10000}$ ou $\dfrac{1}{5000}$ et à fortiori que $\dfrac{1}{1000}$

$$3,1415 - 1,4143 = 1,7272$$

Remarque 1. — Si on n'exige pas que la différence soit calculée par défaut il suffira de prendre pour π et $\sqrt{2}$ des valeurs par défaut à moins de $\dfrac{1}{1000}$

$$3,141 - 1,414 = 1,727.$$

Remarque 2. — Si on propose de calculer une différence avec une erreur relative donnée, on en déduira facilement une limite de l'erreur absolue et on sera ramené au cas précédent.

Multiplication.

356. Théorème. — *1° L'erreur absolue d'un produit de deux facteurs* A, B, *dont l'un* A *est approché par* *défaut et dont l'autre* B *est exact, égale le produit de l'erreur du facteur approché par le facteur exact.*

2° *L'erreur relative égale celle du facteur approché,*

En effet :

$$A—A'=a$$

Donc :

$$AB—A'B=aB \ (1)$$

De plus :

$$\frac{AB—A'B}{AB} = \frac{a}{A} \ (2)$$

C. Q. F. D.

357. THÉORÈME. — 1° *L'erreur absolue du produit de 2 facteurs approchés par défaut est moindre que la somme des produits de chaque facteur par l'erreur de l'autre.*

2° *L'erreur relative est moindre que la somme des erreurs relatives des facteurs.*

En effet :

$$A'=A—a, \text{ et } B'=B—b,$$

Donc :

$$A'B'=AB—aB—bA+ab$$

Et par suite :

$$AB—A'B'=aB+bA—ab$$

Ou :

$$AB—A'B' < aB+bA \ (1)$$

Divisant par AB

$$\frac{AB—A'B'}{AB} < \frac{a}{A} + \frac{b}{B} \ (2)$$

C. Q. F. D.

358. Théorème. — *1° L'erreur relative d'un produit de plus de 2 facteurs est moindre que la somme des erreurs relatives des facteurs.*

2° L'erreur absolue est moindre que la somme des produits qu'on obtient en multipliant l'erreur de chaque facteur par tous les autres.

Soit

$$P = A\ B\ C\ D$$
$$A\ B\ C\ D = A\ B\ C \times D$$

Donc on a :

Erreur relative de P < erreur relative ABC+ erreur relative D.

$$ABC = AB \times c$$

D'où

Erreur relative ABC < erreur relative AB+ erreur relative C.

Enfin

Erreur relative AB < erreur relative A+erreur relative B

Ajoutant membre à membre et simplifiant :

Erreur relative P <

$$err\ A + err\ B + err\ C + err\ D$$

Ou

$$\frac{p}{P} < \frac{a}{A} + \frac{b}{B} + \frac{c}{C} + \dots\ (1)$$

En multipliant des 2 côtés par P ou ABCD

On a :

$$p < a\text{BCD} + b\text{ACD} + c\text{ABD} + \dots\ (2).$$

C. Q. F. D.

359. *Calculer le produit de p facteurs avec m chiffres exacts.*

Il suffit que l'erreur relative du produit soit moindre que $\dfrac{1}{10^m}$ pour cela il suffit que l'erreur relative de chaque facteur soit moindre que $\dfrac{1}{p.10^m}$

Supposons p moindre que 10 (ce qui arrivera toujours dans nos applications). On remplira la condition précédente en prenant $m+1$ chiffres dans chaque facteur dont le 1er chiffre à gauche sera égal ou inférieur à p et $m+2$ dans les autres.

Exemple. Calculer $\dfrac{27}{7}\ \sqrt{2}$ avec 3 chiffres exacts;

$$\frac{27}{7}=3,85714....$$

$$\sqrt{2}=1,4142..$$

Il suffit de calculer chaque facteur à moins de $\dfrac{1}{2,10^3}$.

comme $\dfrac{27}{7}$ a 3 pour premier chiffre à gauche, il suffit d'y prendre 4 chiffres 3,857 : pour $\sqrt{2}$, qui commence par 1, il suffira d'en prendre 5 ; 1,4142.

$$3,857 \times 1,4142 = 5,4545694$$

Telle est la valeur du produit avec trois chiffres exacts, par défaut on peut prendre à sa place, (par défaut ou par excès).

5,46 (3e théorème).

Multiplication Abrégée.

360. Proposons-nous de trouver, à moins de $\frac{1}{100}$ près par exemple, le produit de 2 nombres décimaux 3,85765 ×1,4142672. D'après la règle ordinaire, on multipliera le multiplicande successivement par chaque chiffre du multiplicateur, on additionnera les produits, on séparera à la droite du résultat autant de chiffres. décimaux qu'il y en aura dans les deux facteurs, enfin on supprimera tous les chiffres qui suivront le chiffre des centièmes en augmentant celui-ci de 1 si le premier des chiffres supprimés est égal ou supérieur à 5.

361. On peut simplifier l'opération en remplaçant certains des produits partiels précédents par des valeurs convenablement approchées et en supprimant même complétement quelques-uns d'entre eux. L'opération ainsi réduite reçoit le nom de *multiplication abrégée*.

RÈGLE. — *Après avoir écrit le multiplicande, mettez au-dessous de lui le multiplicateur renversé, de manière que le chiffre de ses unités soit sous le chiffre 100 fois plus petit que celui de l'unité qui marque le dégré d'approximation.*

Multipliez successivement par chaque chiffre du multiplicateur toute la partie à gauche du multiplicande, en commençant par le chiffre placé au-dessus du chiffre du multiplicateur.

Ecrivez ces produits les uns au-dessous des autres de manière que les chiffres de même rang soient dans une même colonne verticale.

Additionnez ; le résultat obtenu exprimera des unités

10

100 fois plus petites que celle qui marque le dégré d'approximation et ce sera la valeur par défaut du produit avec l'approximation demandée.

Disposition du Calcul.

$$
\begin{array}{r}
3,85.765 \\
276\ 241\ 4,1 \\
\hline
38576 \\
15428 \\
385 \\
152 \\
6 \\
\hline
\end{array}
$$

5,4547   5,46= le résultat.

D'abord en opérant ainsi, le premier produit partiel que vous employez est une valeur approchée du produit du multiplicande par les unités du multiplicateur, car au multiplicande exact vous substituez une valeur approchée.

Il en est de même des 2e, 3e, 4e et 5e produits partiels

Enfin vous laissez complètement de côté les produits du multiplicande par les chiffres 6, 7, 2 du multiplicateur.

En second lieu les produits partiels approchés expriment tous des unités 100 fois plus petites que celle qui marque le dégré d'approximation

$$\left(\frac{1}{100} \ \text{ou} \ U \right)$$

En effet le premier produit partiel est formé en multipliant des unités 100 fois plus petites que U (3,8576) par des unités simples (1), c'est donc un nombre d'unités

100 fois plus petites que U ; le 2e est obtenu en multipliant des unités 10 fois plus petites que U (3,857) par des dixièmes $(\frac{4}{10})$, c'est donc un nombre d'unités 100 fois moindres que U et ainsi des autres.

Enfin prouvons que la somme des erreurs commises est moindre que U. Dans chaque multiplication partielle, le multiplicateur est exact; donc l'erreur de chaque produit partiel est moindre que le produit de l'erreur du multiplicande par la valeur du chiffre du multiplicateur employé

Pour le 1er produit l'erreur du multiplicande est $< \frac{U}{100}$, le multiplicateur est 1, donc l'erreur du premier produit partiel est moindre que $\frac{U}{100}$; pour le 2e; l'erreur du multiplicande est $< \frac{U}{10}$, le multiplicateur est $\frac{4}{10}$ donc l'erreur du produit est $< \frac{4U}{100}$ on verrait de même que l'erreur du 3e produit est $< \frac{U}{100}$

$$\text{» » } 4^e \qquad < \frac{4U}{100}$$

$$\text{» » } 5^e \qquad < \frac{2U}{100}$$

Et déjà la somme des erreurs commises sur les produits partiels employés est

$$< \frac{U}{100} (1+4+1+4+2).$$

D'un autre côté la partie du multiplicateur que nous

négligeons est $< \dfrac{1}{10000}$; le multiplicande que nous ne

multiplions pas par ces chiffres est $< (3+1)$ ou 4 ; donc l'erreur commise en négligeant ces produits partiels

est $< \dfrac{4}{10000}$ ou comme $U = \dfrac{1}{100}$, elle est moindre

que $\dfrac{4\,U}{100}$

L'erreur totale est donc moindre que :

$$\frac{U}{100}\,(1+4+1+4+2+4) \text{ ou } \frac{16}{100} \text{ de } U$$

Et à fortiori moindre que U.

C. Q. F. D.

Ainsi $5,4547$ est une valeur par défaut du produit à

moins de $\dfrac{1}{100}$; on en déduit (théorème 3) la valeur plus

simple $5,46\ldots$

Remarque. — Si certains chiffres à la droite du multiplicateur n'ont pas de correspondants au multiplicande on écrira des zéros au-dessus d'eux pour appliquer la règle.

362. La limite précédente de l'erreur commise au produit peut s'écrire d'une manière générale

$$E_2 < \frac{(S_2 + K + 1)\,U}{10^2}$$

S_2 est la somme des chiffres du multiplicateur employé.
K le 1er chiffre significatif à gauche du multiplicande.

Si on eut placé le chiffre des unités du multiplicateur sous le chiffre 10^n fois plus petit que celui qui marque le dégré d'approximation, on aurait eu :

$$E_n < \frac{(S_n + K + 1)U}{10^n}$$

NOTA. — Il suffira dans certains cas de mettre les unités du multiplicateur sous le chiffre 10 fois plus petit que celui qui marque le dégré d'approximation.

On aura alors :

$$E_1 < \frac{(S_1 + K + 1)U}{10}$$

et E_1 sera $< U$ si on a $S_1 + K + 1 < 10$

Division.

363. THÉORÈME. — *1° L'erreur absolue d'un quotient* $\dfrac{A}{B}$ *dont le diviseur est exact et le dividende approché par défaut est le quotient de l'erreur du dividende par le diviseur : 2° son erreur relative égale celle du dividende.*

En effet :

$$A - A' = a$$

Donc :

$$\frac{A}{B} - \frac{A'}{B} = \frac{a}{B} \quad (1)$$

Et en divisant par $\dfrac{A}{B}$

$$\frac{\left(\dfrac{A}{B}-\dfrac{A'}{B}\right)}{\left(\dfrac{A}{B}\right)}=\frac{aB}{AB}=\frac{a}{A}\quad(2)$$

C. Q. F. D.

364. THÉORÈME. — *1° L'erreur absolue d'un quotient*
$\dfrac{A}{B}$ *dont le diviseur B est approché par excès est moindre que le produit du dividende par l'erreur du diviseur divisé par le carré du diviseur. 2° L'erreur relative est moindre que celle du diviseur.*

En effet :

$$\frac{A}{B}-\frac{A}{B''}=\frac{A}{B}-\frac{A}{B+b}=\frac{Ab}{B\,(B+b)}$$

D'où :

$$\frac{A}{B}-\frac{A}{B''}<\frac{Ab}{B^2}\quad(1)$$

Divisant par $\dfrac{A}{B}$

$$\frac{\left(\dfrac{A}{B}-\dfrac{A}{B''}\right)}{\left(\dfrac{A}{B}\right)}<\frac{b}{B}\quad(2)$$

C. Q. F. D.

365. THÉORÈME. — *1° L'erreur absolue d'un quotient*
$\dfrac{A}{B}$ *dont le dividende A est approché par défaut et le diviseur B par excès est moindre que le produit du dividende par l'erreur du diviseur plus le produit du diviseur par*

l'erreur du dividende divisé par le carré du diviseur; 2°. L'erreur relative est moindre que la somme des erreurs relatives des termes.

En effet:

$$\frac{A}{B} - \frac{A'}{B''} = \frac{A}{B} - \frac{A-a}{B+b} = \frac{Ab+Ba}{B\,(B+b)}$$

Ou

$$\frac{A}{B} - \frac{A'}{B''} < \frac{Ab+Ba}{B^2} \quad (1)$$

Divisant par $\dfrac{A}{B}$

$$\frac{\left(\dfrac{A}{B} - \dfrac{A'}{B''}\right)}{\left(\dfrac{A}{B}\right)} < \frac{b}{B} + \frac{a}{A} \quad (2)$$

366. *Calculer par défaut avec 3 chiffres exacts le quotient $\dfrac{\pi}{\sqrt{2}}$*

Il suffit que l'erreur relative du quotient soit moindre que $\dfrac{1}{10^3}$ et par suite que l'erreur relative de chaque terme soit moindre que $\dfrac{1}{2.10^3}$; on remplira cette condition pour π en le calculant avec 4 chiffres exacts; son erreur relative sera ainsi moindre que $\dfrac{1}{3.10^3}$ et à fortiori que $\dfrac{1}{2.10^3}$

Pour $\sqrt{2}$ on prendra 5 chiffres; de plus on prendra la valeur de π par défaut (3,141) et celle de $\sqrt{2}$ par excès (1,4143).

Calcul.

$$
\begin{array}{r|l}
31410 & 14143 \\
31240 & \overline{222} \\
29540 & \\
1254 & \\
\end{array}
$$

Le quotient est 2,22

Division abrégée.

367. On peut trouver le quotient d'un nombre entier ou décimal par un autre à l'aide d'un procédé plus simple que la méthode ordinaire, et connu sous le nom de *Division abrégée*. — Il repose sur le principe suivant.

368. Théorème. — *Si le diviseur* B *d'un quotient* $\dfrac{A}{B}$ *ou* Q *surpasse l'unité et qu'on le remplace par sa partie entière* E, *l'erreur par excès que l'on commet ainsi est moindre que le quotient exact* Q *divisé par la partie entière du diviseur.*

Soit

$$B = E + f \text{ avec } f < 1$$

et soit Q″ la valeur approchée par excès de Q.

On a :

$$Q'' - Q = \frac{A}{E} - \frac{A}{B} = \frac{A}{E} - \frac{A}{E+f} = \frac{Af}{BE}$$

Ou bien

$$Q'' - Q = \frac{Qf}{E} \text{ ou enfin } Q'' - Q < \frac{Q}{E}$$

Puisque f est <1.   C. Q. F. D.

369. REMARQUE. — Nous savons comment on ramène le calcul du quotient à moins de $\frac{1}{n}$ au calcul à moins d'une unité; proposons-nous de résoudre cette dernière question en prenant comme exemple :

$$Q = \frac{76,4327965}{0,2789543}$$

Tableau du Calcul.

(1)	7643279,65	27895	
(2)	206427,965	274	
(3)	1119,7965		
(4)	7,7965		

Le résultat est 274.

Multipliez le dénominateur de Q successivement par 10, 100, 1000, et vous reconnaîtrez que la partie entière de Q a 3 chiffres.

Ceci posé je prends sur la gauche du diviseur un nombre au moins égal à 3 et aussi petit que possible (27), à la suite je prends 3 chiffres (895) et je transporte la virgule à la droite du 5; Le quotient Q ne sera pas changé si on recule la virgule de 5 rangs vers la droite au dividende.

Ainsi on a :

$$Q = \frac{7643279,65}{27895,43}$$

On en tire

$$Q = \frac{7643279,65}{27895} - \alpha \qquad (1)$$

α étant l'erreur que l'on commet en remplaçant le diviseur par sa partie entière.

Le théorème précédent donne une limite de α :

On a :

$$\alpha < \frac{Q}{27895} < \frac{Q}{27000}$$

Et à fortiori

$$\alpha < \frac{1000}{27000}$$

Ou
$$\frac{1}{27}$$

Actuellement déterminons le 1er chiffre de la partie entière de la fraction qui est dans le 2e membre de l'égalité (1). Il suffit d'écrire le dividende [(1) tableau du calcul], de mettre à sa droite le diviseur 27895, et de diviser les centaines du dividende 76432 par ce diviseur. On trouve pour quotient 2 et pour reste 20642.

Alors on peut écrire :

$$Q = 200 + \frac{2064279,65}{27895} - \alpha \qquad (2)$$

Ou bien :

$$Q = 200 + Q' - \alpha$$

Le quotient Q' a 2 chiffres à sa partie entière et en opérant comme précédemment, on peut le mettre sous la forme suivante :

$$Q' = \frac{206427,965}{2789,5}$$

D'où

$$Q' = \frac{206427,965}{2789} - \alpha' \qquad (3)$$

Et le théorème précédent donne une limite de α' ;

On a :

$$\alpha' < \frac{Q'}{2789} < \frac{Q'}{2700}$$

Et à fortiori

$$\alpha' < \frac{100}{2700} \text{ ou } \frac{1}{27}$$

Déterminons le 1er chiffre de la partie entière de la fraction contenue dans le 2e membre de l'égalité (3) ; à cet effet écrivez le dividende [(2) tableau du calcul], formez le nouveau diviseur, en barrant un chiffre sur la droite du précédent et divisez les dizaines du dividende par le diviseur ; cette opération donne 7 pour quotient et 1119 pour reste ;

Donc on a :

$$Q' = 70 + \frac{11197,965}{2789} - \alpha' \qquad (4)$$

Ou

$$Q' = 70 + Q'' - \alpha'$$

Le quotient Q'' n'a qu'un chiffre à sa partie entière et on peut le mettre sous la forme suivante :

$$Q'' = \frac{1119{,}7965}{278{,}9}$$

D'où

$$Q'' = \frac{1119{,}7965}{278} - \alpha'' \qquad (5)$$

On a d'ailleurs

$$\alpha'' < \frac{Q''}{278} < \frac{Q''}{270}$$

Et à fortiori

$$\alpha'' < \frac{10}{270} \text{ ou } \frac{1}{27}$$

Actuellement, pour avoir les unités de Q'' écrivez le dividende [(3) tableau du calcul], et divisez ses unités par le diviseur 278 que vous obtenez en barrant un chiffre sur la droite du diviseur précédent. — La division donne 4 pour quotient et 7 pour reste ;

On a par suite :

$$Q'' = 4 + \frac{7{,}7965}{278} - \alpha'' \qquad (6)$$

Si on ajoute les égalités (2) (4) (6) membre à membre on trouve :

$$Q = 274 + \frac{7{,}7965}{278} - (\alpha + \alpha' + \alpha'') \; (4)$$

7 est le reste d'une division dont le diviseur est 278, donc on a : $7 < 278$; et comme ces deux nombres différeront au moins de 1,

On a aussi :

$$7,7965 < 278 \quad \text{ou} \quad \frac{7,7965}{278} < 1$$

D'autre part, on a :

$$\alpha + \alpha' + \alpha'' < \frac{3}{27}$$

Et a fortiori < 1, donc 274 est une valeur de Q à moins d'une unité près par excès ou par défaut suivant les cas.

370. Le tableau des calculs, réduit à sa forme la plus simple devient celui-ci :

$$
\begin{array}{r|l}
76432 & 278\bcancel{95} \\ \cline{2-2}
20642 & 274 \\
1119 & \\
\cdot 7 & \\
\end{array}
$$

Ecrivez le diviseur si vous le préférez

$$27\overset{\cdot\cdot}{8}95$$

en mettant des points au-dessus de 9 et de 5 au lieu de les barrer.

371. Ces raisonnements donnent la *Règle :*

Après avoir déterminé le nombre des chiffres du quotient prenez sur la gauche du diviseur un nombre au moins égal au nombre des chiffres du quotient et qui soit le plus petit possible; prenez à la suite autant de chiffres qu'en doit avoir le quotient et vous avez le 1er diviseur. Séparez sur la gauche du dividende assez de chiffres pour contenir

le 1er diviseur au moins une fois et moins de 10 fois,
vous aurez le 1er dividende. Divisez le 1er dividende par
le 1er diviseur, vous aurez le 1er chiffre du quotient et un
reste qui sera le 2e dividende; barrez un chiffre à la droite
du 1er diviseur et vous aurez le 2e diviseur. Divisez le
2e dividende par le 2e diviseur, vous aurez le 2e chiffre
du quotient et un reste qui sera le 3e dividende etc.

CHAPITRE V.

RACINE CARRÉE ABRÉGÉE.

372. Théorème. — *Si la partie entière d'un nombre N a $2m-1$ chiffres, qu'on remplace les $m-1$ derniers chiffres à droite par des zéros et qu'on détermine à moins d'une unité par excès la racine carrée de ce nouveau nombre entier, on trouve ainsi la racine carrée de N à moins d'une unité par excès ou par défaut.*

Appelez B le nombre formé par les $m-1$ premiers chiffres à droite de N; soit A le nombre formé de N en les remplaçant par des zéros.

Soit a la racine carrée de A à moins d'une unité par défaut.

On a :

$$N = A + B \quad (1)$$

Mais

$$A = a^2 + r \quad (2)$$

Donc

$$N = a^2 + B + r \quad (3)$$

En appelant r le reste de l'extraction de la racine carrée de A.

Maintenant, A a $2m$ ou $2m-1$ chiffres,

Donc a en a m ;

Mais   B en a $m-1$,

Donc on a $B < a$

De plus on a aussi $r \leqq 2a$

D'où $N < a^2 + 3a$

Et a fortiori $N < a^2 + 4a + 4$

Ou $(a + 2)^2$

Le nombre N étant compris entre a^2 et $(a+2)^2$, le nombre $(a+1)$ est la racine de N à moins d'une unité près par défaut ou par excès.

373. Remarque. — Si on a: $r \leqq a$,

On aura aussi $N < a^2 + 2a + 1$

Ou $N < (a + 1)^2$

Dans ce cas $(a+1)$ sera la racine de N par excès.

374. Ce théorème permet d'extraire à moins d'une unité la racine carrée d'un nombre qui n'est pas entier, sans qu'il soit nécessaire de determiner toute sa partie entière.

375. Problème. — *Connaissant plus de la moitié des chiffres de la racine carrée d'un nombre entier à moins d'une unité près trouver les autres par une simple division.*

Supposons que la racine du nombre N ait $2m+1$ chiffres et qu'on en connaisse déjà $m+1$; soit a le nombre formé de ces $m+1$ chiffres avec m zéros sur sa droite, et x ce qu'il faut ajouter à a pour avoir la racine exacte (le nombre x n'est pas nécessairement entier).

On a :

$$N = (a+x)^2 = a^2 + 2ax + x^2 \quad (1)$$

D'où

$$N - a^2 \text{ ou } R = 2ax + x^2$$

On en tire :

$$x = \frac{R}{2a} - \frac{x^2}{2a} \quad (2)$$

Soit q la partie entière du quotient $\dfrac{R}{2a}$ et r le reste de cette division, c'est-à-dire que

$$N - a^2 \text{ ou } R = 2aq + r ;$$

On aura :

$$x = q + \frac{r}{2a} - \frac{x^2}{2a} \quad (3)$$

Et je dis que q est la valeur de x à moins d'une unité.

En effet, on a déjà :

$$r < 2a, \text{ d'où } \frac{r}{2a} < 1 ;$$

De plus on a aussi :

$$x < 10^m \text{ d'où } x^2 < 10^{2m} ;$$

Mais on a aussi $a < 10^{2m}$ puisque a contient $2m+1$ chiffres donc $\dfrac{x^2}{2a}$ est moindre que 1 ; ainsi la valeur absolue de $\dfrac{r-x^2}{2a}$ est plus petite que 1.

C. Q. F. D.

Il en résulte que $a+q$ est une valeur de $\sqrt{N}$ à moins d'une unité.

11

376. SENS DE L'APPROXIMATION.

Actuellement,

Si on a $x > q$, on aura $r > x^2$ et à fortiori $r > q^2$

   » $x = q$,   » $r = x^2$ ou $r = q^2$

   » $x < q$,   » $r < x^2$ et à fortiori $r < q^2$

Les réciproques de ces trois propriétés sont vraies et se démontrent par l'absurde.

On reconnaîtra facilement, d'après cela si le nombre $a+q$ est la racine carrée de N a moins d'une unité près par excès ou par défaut.

377. CALCUL DU RESTE. —

1er Cas $r > q^2$

$(a+q)^2$ est le plus grand carré entier contenu dans N

Et on a : $R = N - (a+q)^2$

Ou $R = N - a^2 - 2aq - q^2$ (1)

Or on sait que $N - a^2 = 2aq + r$

Donc $R = r - q^2$ (2)

2e Cas $r < q^2$

Le plus grand carré entier contenu dans N est

$$(a+q-1)^2$$

Et on a :

$R = N - (a+q+1)^2$ ou $N - a^2 - 2aq - q^2 - 2(a+q) - 1$ (1)

Or

$$N - a^2 = 2aq + r$$

Donc

$$R = r - q^2 - 2\,(a+q) - 1 \ (2)..$$

LIVRE IV.

LES GRANDEURS & LES RAPPORTS.

CHAPITRE PREMIER.

LES GRANDEURS & LEUR MESURE.

378. *1° On appelle grandeur ou quantité tout ce qui est susceptible d'augmentation et de diminution.* — Toutes les qualités des objets ou des individus sont des grandeurs et les différents états d'une même qualité, considérée dans différents objets ou différents individus sont des grandeurs de la même espèce.

2° Les grandeurs d'une certaine espèce sont appelées mathématiques, lorsqu'on peut définir les grandeurs égales de cette espèce. — Telles sont les longueurs, les poids, les durées etc.

379. Lorsque l'égalité est définie pour les grandeurs d'une certaine espèce, on en conclut facilement ce qu'on doit entendre par une grandeur de cette espèce double, triple....., multiple d'une autre.

380. Deux grandeurs de la même espèce sont dites commensurables entre elles quand elles sont deux multiples d'une 3ᵐᵉ grandeur de leur espèce ; celle-ci s'appelle alors une mesure commune aux 2 premières. Dans le cas contraire elles sont dites incommensurables entre elles.

381. RAPPORT D'UNE GRANDEUR A UNE AUTRE. — Pour définir le rapport d'une grandeur A à une autre B de la même espèce, nous distinguons deux cas :

1° *A et B ont une mesure commune a.* Si A contient p fois a et que B contienne m fois a le rapport A à B est la fraction $\dfrac{p}{m}$ et celui de B à A est $\dfrac{m}{p}$.

2° *A et B n'ont pas de commune mesure on peut toujours trouver deux grandeurs A' et B' commensurables entre elles et qui soient aussi voisines de A et B qu'on voudra et le rapport de A à B est la limite du rapport de A' à B', quand ces deux grandeurs tendent respectivement vers leurs limites A et B.*

382. REMARQUE I. — Lorsque deux grandeurs de la même espèce, ont une mesure commune, elles en ont évidemment une infinité puisqu'elles sont des multiples d'une partie aliquote quelconque de la commune mesure. Parmi ces communes mesures, il y en a une qui est plus grande que toutes les autres, c'est la plus grande commune mesure. — On la détermine très-simplement en suivant la marche indiquée pour la recherche du plus grand commun diviseur de deux nombres et on démontre facilement aussi que toutes les mesures communes sont des parties aliquotes de la plus grande mesure commune.

Il résulte de là que l'expression la plus simple du rapport d'une grandeur à une autre, dans le cas où elles ont une commune mesure, correspond à la plus grande mesure commune; cette expression est évidemment une fraction irréductible.

383. REMARQUE II. — Lorsque A et B n'ont pas de commune mesure, il est facile de trouver des grandeurs A′, B′, remplissant la condition énoncée plus haut. — Concevez en effet une grandeur a aussi petite que vous voudrez et de l'espèce considérée, elle sera contenue p fois par exemple dans A et m fois dans B et les deux grandeurs pa, ma, seront deux grandeurs respectivement moindres que A et B, commensurables entre elles, et ayant respectivement A et B pour limites quand a tendra vers la limite zéro.

Il en sera ainsi de $(p+1)\,a$ et de $(m+1)\,a$, qui seront des valeurs approchées par excès de A et B.

384. On se contentera le plus souvent de prendre une grandeur A′ commensurable avec B et ayant A pour limite et le rapport de A à B sera la limite du rapport de A′ à B. — Cette grandeur A′ s'obtiendra en partageant B en m parties égales par exemple et en cherchant combien de fois l'une des parties b sera contenue dans A. — Si elle y est contenue p fois au plus, la grandeur pb remplira la condition exigée pour A′.

385. REMARQUE. — Le rapport d'une grandeur à une autre commensurable avec elle est, d'après la définition donnée plus haut, un nombre entier ou fractionnaire. — La réciproque est évidente. — Si les deux grandeurs n'ont pas de commune mesure, le rapport est un nombre incommensurable.

386. MESURE DES GRANDEURS. — Pour comparer entre elles des grandeurs d'une même espèce et pour établir les relations qui dans certains cas les unissent entre elles, on se sert de leurs rapports respectifs à une même grandeur de leur espèce. — Celle-ci reçoit le nom d'unité et les rapports sont *les mesures des grandeurs considérées*.

387. D'après cela : 1° Le rapport d'une grandeur à une autre égale la mesure de la première quand la 2ᵉ est prise pour unité. — 2° Les mesures des grandeurs commensurables avec l'unité sont des nombres entiers ou fractionnaires et réciproquement ; les mesures des autres sont des nombres incommensurables. — 3° La mesure de l'unité est le nombre *un*.

388. Théorème. — *Lorsqu'on connaît les rapports respectifs de deux grandeurs A et B à un 3ᵐᵉ C, pour avoir le rapport de la 1ʳᵉ à la 2ᵉ, il suffit de diviser le 1ᵉʳ rapport par le 2ᵉ.*

1° Les rapports connus sont commensurables par exemple. Le rapport de A à C est $\dfrac{3}{4}$.

celui de B à C est $\dfrac{2}{7}$

Si on réduit au même dénominateur, le pre devient $\dfrac{3\times 7}{28}$, et le second $\dfrac{2\times 4}{28}$. Sous cette forme on voit que la 28ᵐᵉ partie de C est une mesure commune à A et B contenue 3×7 fois dans A et 2×4 fois dans B. — On en conclut que le rapport de A à B est

$$\frac{3\times 7}{2\times 4} \quad \text{ou} \quad \frac{\left(\dfrac{3}{4}\right)}{\left(\dfrac{2}{7}\right)}$$

C. Q. F. D.

2º Les rapports donnés sont incommensurables par exemple le premier est $\sqrt{2}$ et le second $\sqrt[3]{7}$

Partagez C en m parties égales... $C = mc$

Appelez p le nombre de ces parties contenues dans A de sorte qu'on ait

$$pc < A < (p+1)\, c$$

De même soit q le nombre de ces parties contenues dans B

$$qc < B < (q+1)\, c$$

Le rapport de pc à C est $\dfrac{p}{m}$ et on a :

$$\lim. \quad \frac{p}{m} = \sqrt{2}$$

En supposant que c tende vers la limite zéro.

De même le rapport de qc à C est

$$\frac{q}{m} \quad \text{et lim.} \quad \frac{q}{m} = \sqrt[3]{7}$$

Actuellement le rapport de pc à qc ou $\dfrac{p}{q}$ a pour limite le rapport de A à B.

Mais on a :

$$\frac{p}{q} = \frac{\left(\dfrac{p}{m}\right)}{\left(\dfrac{q}{m}\right)}$$

Donc lim. $\dfrac{p}{q}$ ou le rapport

$$\text{de A à B} = \frac{\lim. \dfrac{p}{m}}{\lim. \dfrac{q}{m}} = \frac{\sqrt{2}}{\sqrt[3]{7}}$$

C. Q. F. D.

389. Remarque I. — Ce théorème permet de comparer une grandeur à une autre en les comparant toutes les deux à une 3ᵉ grandeur de leur espèce.

Remarque II. — On en déduit que le rapport d'une grandeur à une autre est le quotient de la *mesure* de la première par *celle* de la seconde, les mesures etant faites avec la même unité.

Unités adoptées. — Système métrique.

390. Parmi les grandeurs mathématiques, il en est quelques unes à la mesure desquelles on ramène celle des autres; c'est pourquoi on les appelle les grandeurs principales; ce sont: *Les longueurs, les poids, les valeurs monétaires, les arcs de cercle et les intervalles de temps.*

Nous nous proposons ici de faire connaître les unités adoptées actuellement en France pour les mesurer. Leur ensemble est connu sous le nom de *système métrique.* Nous y joindrons les unités de surface et les unités de de volume afin d'avoir l'occasion d'insister sur la liaison remarquable établie entre elles et les unités de longueur.

391. Les unités dont nous allons parler (à l'exception de celles qu'on emploie pour la mesure des arcs et pour la mesure du temps) dépendent toutes d'une certaine longueur déterminée avec toute la précision possible et qu'on nomme le *mètre*. C'est la dix millionnième partie du quart du méridien terrestre. Le système que nous allons exposer est le seul dont l'usage soit autorisé en France depuis le 1er janvier 1840.

Unités de Longueur.

392. Les unités de longueur sont : Le mètre, 4 multiples de cette longueur, de dix en dix fois plus grands et 3 sous-multiples de dix en dix fois plus petit.

Le tableau suivant donne leurs noms et leurs mesures, en prenant le mètre pour unité.

393.

Myria mètre	10^4
Kilo mètre	10^3
Hecto mètre	10^2
Déca mètre	10
Mètre	1
Déci mètre	$\dfrac{1}{10}$
Centi mètre	$\dfrac{1}{100}$
Milli mètre	$\dfrac{1}{1000}$

394. CONSÉQUENCE DE CE CHOIX D'UNITÉS. —

Ces unités une fois adoptées, si on considère une longueur quelconque, ou bien on peut la décomposer en unités de ces différentes espèces, de telle sorte que le nombre des unités de chaque espèce ne dépasse pas 9 ou bien on peut en former un autre, décomposable de cette manière, qui soit aussi voisine qu'on voudra de la proposée.

En écrivant les nombres d'unités de chaque espèce contenues dans la longueur ainsi décomposée, on obtient dans le 1er cas la mesure exacte de la longueur proposée et dans le second une valeur plus ou moins approchée de cette mesure.

395. La décomposition précédente s'obtient à l'aide de procédés que la physique fait connaître.

396. Les mesures ainsi obtenues sont des nombres décimaux; — Ils font connaître immédiatement le nombre des unités de chaque espèce que renferme la longueur mesurée; l'unité du chiffre qui e la virgule à sa droite s'appelle l'unité principale; la mesure de la même grandeur avec une autre unité principale s'obtient par un simple déplacement de la virgule.

397. Le décamètre est pris comme unité principale dans les mesures agraires, et l'hectomètre reçoit alors le nom de portée.

398. Naturellement lorsque la longueur à mesurer est considérable on prend pour unité principale un des multiples du mètre; et lorsqu'elle est petite on prend un de ses sous-multiples.

Unités de Surface.

399. La géométrie ramène la mesure des surfaces à la mesure des lignes droites en s'appuyant sur les propriétés des figures et en prenant pour unité de surface le carré construit sur l'unité de longueur.

D'après cela, les unités de surfaces sont les carrés construits sur les unités de longueur.

400. On démontre facilement que ces unités, sont de 100 en 100 fois plus grandes.

Le tableau suivant donne leur noms et leurs mesures respectives par rapport au mètre carré.

Myriamètre	Carré	100^1
Kilomètre	—	100^3
Hectomètre	—	100^2
Décamètre	—	100
Mètre	—	1
Décimètre	—	$\dfrac{1}{100}$
Centimètre	—	$\dfrac{1}{100^2}$
Millimètre	—	$\dfrac{1}{100^3}$

401. D'après cela, une surface étant donnée, ou bien on peut la décomposer en unités de ces différentes espèces, de manière à n'avoir pas plus de 99 unités de chaque espèce; ou bien on peut en former une autre, décomposable de cette manière et aussi voisine de la première qu'on voudra.

(La géométrie donne des moyens simples pour réaliser ce mode de décomposition).

402. Cette propriété conduit, relativement aux mesures des surfaces, à des observations analogues à celles qu'on vient de faire sur les mesures des longueurs.

403. Les unités employées dans l'arpentage sont :
L'*hectomètre carré*, le *décamètre carré*, et le *mètre carré*
qu'on appelle alors l'*hectare* l'*are* et le *centiare*.

Unités de Volume.

404. On ramène la mesure des volumes à celle des
lignes droites, à l'aide des propriétés des figures, et en
prenant pour unité de volume le cube qui a pour côté
l'unité de longueur.

Dès lors les unités de volume sont les cubes construits
sur les unités de longueur.

405. On démontre facilement que ces unités sont de
1000 en 1000 fois plus grandes.

Le tableau suivant donne leurs noms et leurs mesures
respectives par rapport au mètre cube :

$$
\begin{array}{lcl}
\text{Myriamètre Cube} & — & 1000^4 \\
\text{Kilomètre} & — & 1000^3 \\
\text{Hectomètre} & — & 1000^2 \\
\text{Décamètre} & — & 1000 \\
\text{Mètre} & — & 1 \\
\text{Décimètre} & — & \dfrac{1}{1000} \\
\text{Centimètre} & — & \dfrac{1}{1000^2} \\
\text{Millimètre} & — & \dfrac{1}{1000^3}
\end{array}
$$

406. La loi qui lie ces unités a des conséquences analogues à celles que nous avons développées dans les deux cas précédents.

407. La géométrie et la physique font connaître les procédés à l'aide desquels on décompose les volumes en unités des différentes espèces.

408. Les unités qu'on emploie les plus ordinairement sont 1° *le mètre cube,* qu'on appelle encore le stère, dans la mesure du bois de chauffage ; 2° *le décimètre cube,* avec quelques-uns de ses multiples et de ses sous-multiples. — Le tableau suivant donne leurs noms et leurs mesures rapportées au *décimètre cube.*

$$\text{Hectolitre} \quad 10^2$$

$$\text{Décalitre} \quad 10$$

$$\text{Le décimètre cube ou Litre} \quad 1$$

$$\text{Décilitre} \quad \frac{1}{10}$$

$$\text{Centilitre} \quad \frac{1}{10^2}$$

Ces unités, de dix en dix fois plus grandes donnent lieu aux observations déjà faites sur les unités de longueur.

Unités de Poids.

409. Les relations qu'on établit entre les poids et les volumes des liquides supposent l'unité de poids égale au poids de l'unité de volume d'eau distillée, à la température de son maximum de densité (4° centigrades environ.)

Le poids du centimètre cube d'eau, dans ces conditions reçoit le nom de gramme.

Les unités de poids adoptées sont le gramme, certains de ses multiples de dix en dix fois plus grands et quelques sous-multiples de dix en dix fois plus petits.

410. Le tableau ci-joint fait connaître leurs noms et leurs mesures relativement au *gramme*.

La tonne	10^6	poids du mètre cube d'eau
Le quintal métrique	10^5	
Le myriagramme	10^4	
Le kilogramme	10^3	poids du litre
L'hectogramme	10^2	
Le décagramme	10	
Le gramme	1	poids du centimètre cube
Le décigramme	$\dfrac{1}{10}$	
Le centigramme	$\dfrac{1}{100}$	
Le milligramme	$\dfrac{1}{1000}$	poids du millimètre cube

411. La loi qui lie ces unités donne lieu aux observations déjà faites à propos des unités de longueur.

412. La physique et la mécanique donnent les instruments qui servent à décomposer les poids en unités de ces différentes espèces.

Unités Monétaires.

413. Les unités de monnaies sont le *franc*, le *décime* et le *centime*.

Le *franc* est une pièce du poids de 5 grammes, formée d'un alliage de cuivre et d'argent, qui contient 9 dixièmes d'argent.

Le *décime* est la dixième partie de la valeur du franc et le *centime* vaut à son tour dix fois moins que le décime.

414. La mesure d'une valeur monétaire s'exprime en francs, décimes et centimes; c'est un nombre décimal, l'unité principale est le franc et le nombre des chiffres décimaux de la mesure ne dépasse guère dans la pratique 2 ou 3.

415. Tableau des pièces de monnaies adoptées en France.

NATURE et composition DES PIÈCES	NOMS	POIDS EXACT	TOLÉRANCE en millième		DIAMÈTRE en m.m
			DU POIDS	DU TITRE	
OR	100^f	32^{g}2580	1	2	35
	50	16,1290	2	»	28
	20	6,4516	2	»	21
0,9 or, 0,1 cuivre	10	3,2258	2,5	»	19
	5	1,6129	3	»	17
ARGENT	5	25^g	3	»	37
0,9 argent	2	10	5	»	27
0,1 cuivre	1	5	5	»	23
	0,50	2,50	7	»	18
	0,20	1	10	»	15
BRONZE				10	
0,95 de cuivre	0,10	10	10	pour cuivre	30
0,04 étain	0,05	5	10	5	25
0,01 zinc	0,02	2	15	pour autres	20
	0,01	1	15	métaux	15

416. Le tableau montre qu'au lieu de pièces d'argent d'une grande valeur on emploie des pièces d'or. Celles-ci sont plus petites car à égalité de poids l'or vaut 15 fois 1/2 autant que l'argent.

417. De même on substitue une monnaie de bronze aux pièces d'argent de peu de valeur, qui seraient trop petites. — Celle-ci est un alliage de cuivre, d'étain et de zinc qui, à poids égal, vaut 40 fois moins que l'argent.

418. Le titre d'un alliage par rapport à l'un de ses métaux est le rapport du poids de ce métal au poids total de l'alliage. — Le titre des monnaies d'or et d'argent varie dans la pratique entre 0,898 et 0,902.

Unités d'arc.

419. Dans la mesure des arcs de même rayon on prend pour unités la 360e partie de la circonférence ou le dégré, la 60e partie du dégré qu'on appelle la minute et la 60e partie de la minute qu'on appelle la seconde.

On décompose l'arc à mesurer en dégrés, minutes, secondes, dixièmes et centièmes de seconde, de telle sorte que le nombre des secondes et celui des minutes soient inférieurs à 60; et en écrivant les nombres d'unités de chaque espèce on obtient la mesure de l'arc considéré soit exactement soit avec un certain dégré d'approximation.

NOTATION. — L'arc de 46 dégrés 27 minutes 35 secondes et 2 dixièmes de seconde s'écrit:

$$46° \; 27' \; 35'',2$$

Unités de temps.

420. Les unités de temps sont: le jour solaire moyen (voir la cosmographie); la 24ᵉ partie du jour ou l'heure, la 60ᵉ partie de l'heure ou la minute; la 60ᵉ partie de la minute ou la seconde.

421. On décompose l'intervalle de temps qu'on veut mesurer en jours, heures, minutes, secondes, dixièmes de seconde etc de manière que le nombre des heures soit inférieur à 24, celui des minutes et celui des secondes inférieurs à 60; et en écrivant les nombres de jours, heures, minutes, secondes, on obtient la mesure de l'intervalle considéré soit exactement, soit avec un certain dégré d'approximation.

NOTATION. — La mesure de l'intervalle de temps qui comprend 6 jours 15 heures 28 minutes et 17 secondes,

S'écrit : $6^j \ 15^h \ 28^m \ 17^s$.

CHAPITRE II.

LES NOMBRES COMPLEXES.

422. Définition. — On appelle nombres complexes les nombres dont les parties sont des collections d'unités différentes, qui ne sont pas liées par la loi décimale; comme la mesure d'un arc ou la mesure d'un intervalle de temps.

423. Toutes les opérations sur les nombres complexes se ramènent à des opérations sur des nombres entiers à l'aide des deux problèmes suivants :

424. Problème I. — *Convertir un nombre complexe en une fraction de l'unité principale :*

Par exemple convertir 36° 27′ 18″ en une fraction du degré, ou chercher son rapport au degré.

Cet arc et le degré ont une mesure commune, la seconde; elle est contenue 60×60 ou 3600 fois dans le degré; cherchons combien de fois l'arc proposé la contient et on divisera le 2e nombre par le premier.

36° valent 36×60 ou 2160 minutes qui, avec 27 qu'on a déjà, font 2187 minutes.

2187′ valent 2187×60 ou 131220 secondes qui avec 18 qu'on a déjà, font 131238″

Et le rapport de l'arc proposé au degré est : $\dfrac{131238}{3600}$

qui se réduit à : $\dfrac{7291}{200}$.

425. Tableau du calcul des secondes de l'arc proposé :

$$36° \qquad 27' \ 18''$$
$$\times 60$$
$$\overline{2160}$$
$$+27$$
$$\overline{2187}$$
$$\times 60$$
$$\overline{131220}$$
$$+18$$
$$\overline{131238''}$$

426. Ce qui précède donne cette RÈGLE. — *Pour trouver le rapport d'un nombre complexe à son unité principale multipliez les unités les plus élevées du nombre par le nombre des unités de la première subdivision, qui sont contenues dans l'une d'elles, ajoutez au produit les unités de la 1*re *subdivision qui sont en évidence dans le nombre donné et vous aurez toutes les unités de la 1*re *subdivision du nombre proposé.*

*Multipliez-les par le nombre des unités de la seconde subdivision qui sont contenues dans une unité de la première et ajoutez au produit les unités de la 2*e *subdivision, qui sont en évidence dans le nombre donné, vous aurez toutes les unités de la seconde subdivision qu'il contient; continuez ainsi jusqu'aux unités les plus petites du nombre proposé; divisez le dernier résultat par le nombre des unités de la plus petite subdivision, qui sont contenues dans l'unité principale et réduisez cette fraction à sa plus simple expression.*

427. PROBLÈME II. — *Convertir une fraction de l'unité principale en un nombre complexe.*

Par exemple convertir $\dfrac{47}{13}$ de jour en un nombre de jours, heures, minutes etc.

On a :

$$\frac{47^{\text{jour}}}{13} = 3^{\text{j}} + \frac{8^{\text{j}}}{13} \quad \text{ou} = 3^{\text{j}} + \frac{8 \times 24^{\text{heures}}}{13} = 3^{\text{j}} + \frac{192^{\text{h}}}{13}$$

$$\frac{192^{\text{h}}}{13} = 14^{\text{h}} + \frac{10^{\text{h}}}{13} = 14^{\text{h}} + \frac{10 \times 60^{\text{minutes}}}{13} = 14^{\text{h}} + \frac{600^{\text{m}}}{13}$$

$$\frac{600^{\text{m}}}{13} = 46^{\text{m}} + \frac{2^{\text{m}}}{13} = 46^{\text{m}} + \frac{2 \times 60^{\text{secondes}}}{13} = 46^{\text{m}} + \frac{120^{\text{s}}}{13}$$

$$\frac{120^{\text{s}}}{13} = 9^{\text{s}} + \frac{3^{\text{s}}}{13}$$

On en déduit :

$$\frac{47^{\text{jour}}}{13} = 3^{\text{j}}\ 14^{\text{h}}\ 46^{\text{m}}\ 9^{\text{s}} + \frac{3^{\text{s}}}{13}$$

428.   Disposition du calcul.

$$
\begin{array}{rl|l}
 & 47 & 13 \\
\text{1}^{\text{er}}\text{ reste} & 8 & \overline{3^{\text{j}}\ 14^{\text{h}}\ 45^{\text{m}}\ 9^{\text{s}} + \dfrac{3^{\text{s}}}{13}} \\
 & \times 24 & \\
\hline
 & 192 & \\
 & 62 & \\
\text{2}^{\text{e}}\text{ reste} & 10 & \\
 & \times\ 60 & \\
\hline
 & 600 & \\
 & 80 & \\
\text{3}^{\text{e}}\text{ reste} & 2 & \\
 & 60 & \\
\hline
 & 120 & \\
 & 3 & \\
\end{array}
$$

429. Les raisonnements précédents donnent cette Règle : *Divisez le numérateur de la fraction par son dénominateur, vous aurez les unités principales du nombre complexe demandé et un reste.*

Multipliez le reste par le nombre des unités de la première subdivision que renferme l'unité principale et divisez le produit par le diviseur vous obtenez les unités de la première subdivision et un nouveau reste etc.

Continuez ainsi jusqu'à ce que vous ayez trouvé les unités les plus petites et ajoutez au résultat la fraction qui a pour numérateur le dernier reste et pour dénominateur celui de la fraction proposée.

430. D'après cela. — Pour additionner des nombres complexes de la même espèce ou pour trouver la différence de deux nombres il suffira de les convertir en fractions de l'unité principale, d'opérer sur les fractions et de convertir le résultat en un nombre complexe de l'espèce des données. — Il en serait de même pour la multiplication et pour la division mais il est souvent plus simple d'opérer sur les nombres complexes eux-mêmes.

431. *A ce sujet nous remarquerons que tout nombre complexe est évidemment décomposable en unités de différentes espèces, de manière que le nombre des unités de chaque espèce soit inférieur au nombre de ces unités qui forme une unité immédiatement supérieure.* — C'est sous cette forme qu'on les introduit dans les calculs et qu'on se propose de les obtenir lorsqu'ils sont inconnus.

432. Addition.

6^h	8^m	17^s
12	17	36
25	15	42
43^h	41^m	35^s

En raisonnant comme dans le cas des nombres entiers on est conduit à cette Règle:

Additionnez les unités les plus petites; si la somme est inférieure au nombre de ces unités que renferme l'unité immédiatement supérieure, écrivez-la et vous avez les unités les plus petites de la somme; sinon, divisez la somme trouvée par le nombre des unités les plus petites que renferme l'unité suivante, écrivez le reste à la place des plus petites unités et additionnez le quotient avec les unités suivantes, etc; continuez ainsi jusqu'aux unités les plus élevées des nombres proposés et écrivez la somme telle que vous l'obtiendrez.

433. Soustraction.

$$27° \ 36' \ 17'', 5$$
$$12° \ 49' \ 26'', 2$$
$$\overline{14° \ 46' \ 51'', 3}$$

Les raisonnements connus donnent LA RÈGLE.

Retranchez, en commençant par les unités les plus petites, les différentes parties du plus petit des 2 nombres des parties de la même espèce du plus grand — Une soustraction partielle est-elle impossible, rendez-la possible en ajoutant au terme, qui appartient au plus grand des deux nombres, autant d'unités qu'il y a d'unités de l'espèce dont il s'agit dans l'unité immédiatement supérieure; seulement, avant de faire la soustraction partielle suivante vous ajouterez 1 au nombre à soustraire.

434. Multiplication.

1° Le multiplicande est un nombre complexe et le multiplicateur est un nombre entier.

Ex.
$$32° \ 26' \ 42'',6$$
$$6$$
$$\overline{194° \ 40' \ 15'',6}$$

RÈGLE. — *Multipliez par le multiplicateur les unités les plus petites du multiplicande; si le produit est inférieur au nombre de ces unités que renferme l'unité immédia-tement supérieure, écrivez-le et vous avez les plus petites unités du produit demandé, dans le cas contraire divisez ce 1ᵉʳ résultat partiel par le nombre des unités de la plus petite subdivision que renferme l'unité immédiatement supérieure, écrivez le reste et retenez le quotient pour l'ajouter au produit partiel suivant etc.*

2° Les deux facteurs sont complexes, convertissez-les en fractions ordinaires.

435. DIVISION.

1° Le dividende est complexe et le diviseur entier.

$$54^j \ 21^h \ 17^m \ | \ 13$$
$$2$$
$$\times \ 24$$
$$\overline{48}$$
$$+ \ 21$$
$$\overline{69}$$
$$4$$
$$\times \ 60$$
$$\overline{240}$$
$$+ \ 17$$
$$\overline{257}$$
$$127$$
$$10$$

$$4^j \ 5^h \ 19^m \ \frac{10^m}{13}$$

Règle. — *Divisez les unités les plus élevées du dividende par le diviseur et vous avez les unités les plus élevées du quotient et un reste.*

Multipliez le reste par le nombre des unités de la 1re subdivision que renferme l'unité principale et ajoutez au produit les unités de la 1re subdivision qui sont en évidence dans le dividende; si vous divisez la somme par le diviseur, vous obtenez la 2e partie du quotient et un reste etc.

2° Le diviseur est un nombre complexe.

Règle. — *Vous le convertissez en fraction ordinaire et vous multipliez le dividende par la fraction diviseur renversée.*

Conversion des mesures.

436. Connaissant la mesure d'une grandeur faite avec un certain système d'unités dont la liaison est connue, on peut avoir besoin de connaître la mesure de la même grandeur par rapport à un autre système d'unités liées également entre elles par une loi donnée.

Cette question se ramène à des opérations connues aussitôt qu'on a le rapport des unités principales des deux systèmes.

437. 1er Exemple. — Problème. — *Évaluer en toises, pieds, pouces, lignes, la longueur qui a pour mesure 512^m,26; on sait que la toise vaut 6 pieds, le pied 12 pouces, le pouce 12 lignes; on sait aussi que le rapport du mètre à la toise est 0,513.*

Vous n'avez qu'à multiplier la mesure donnée par le

rapport du mètre à la toise et vous avez la mesure demandée, qu'il faut convertir convenablement en toises, pieds, pouces, etc.

2ᵉ Exemple. — Problème. — *Convertir en mètre la longueur qui contient*

$$8^{\text{toises}}\ 2^{\text{pi}}\ 5^{\text{p}}\ 12^{\text{l}}$$

Convertissez ce nombre en fraction de toise, multipliez la fraction par le rapport de la toise au mètre ou divisez-la par le rapport du mètre à la toise et évaluez le résultat en décimales; sa partie entière sera le nombre des mètres de la grandeur considérée. Les chiffres décimaux feront connaître le nombre des décimètres, celui des centimètres etc.

438. Le lecteur peut s'exercer sur les exemples suivants :

Les anciennes unités de monnaie étaient la livre tournois, le sou 1/20 de la livre, le liard 1/4 de sou, le denier 1/3 du liard. Sachant que 81 livres valent 80 francs trouver en francs et centimes la valeur de

$$56^{\text{livres}}\ 8^{\text{sous}}\ 2^{\text{liards}}\ 2^{\text{deniers}}.$$

2° Avec les mêmes données, évaluer en livres, sous etc la somme de 36ᶠ,27

3° Le grade est la 400ᵐᵉ partie de la circonférence, il se partage en 100 minutes qui contiennent chacune 100 secondes.

Évaluer 25° 36′ 47″ en grades, minutes, secondes de grade.

4° Avec les mêmes données trouver en degrés, minutes et secondes la mesure de l'arc de 26ᵍʳᵃᵈᵉˢ 2425.

439. Les anciennes unités de poids sont : la livre, le marc 1/2 livre, l'once $\dfrac{1}{8}$ du marc, le gros $\dfrac{1}{8}$ de l'once, le grain $\dfrac{1}{72}$ du gros, le serupule $\dfrac{1}{24}$ du grain. — Un kilogramme vaut 18827 grains environ.

440. Passage d'un système de numération a un autre.

Un même nombre entier écrit dans deux systèmes différents représente les mesures d'une même grandeur faite avec des unités de systèmes différents ; si le nombre est écrit dans le système décimal, c'est une mesure obtenue avec des unités de dix en dix fois plus grandes.— Quand le nombre est écrit dans le système duodécimal, c'est une mesure faite avec des unités de douze en douze fois plus grandes. — Seulement en adoptant un caractère unique pour représenter chacun des nombres inférieurs à la base, les différentes parties de la mesure sont, dans tous les systèmes, des nombres d'un seul chiffre et cela permet de l'écrire sous forme entière.

Le passage de l'une des formes à l'autre est évidemment un cas particulier de la conversion des mesures.

441. 1er Problème. — *Écrire dans le système duodécimal le nombre représenté par 637 dans le système décimal.*

$$
\begin{array}{r|r|r}
637 & 12 & \\
\hline
37 & 53 & 12 \\
1 & 5 & 4 \\
\end{array}
$$

Divisez 637 par 12, le quotient est 53 et le reste 1.

Donc 637 contient 53 unités du 2ᵉ ordre du nouveau système et 1 unité du 1ᵉʳ ordre.

Divisez 53 par 12 le quotient est 4 et le reste 5 donc les 53 unités du 2ᵉ ordre contiennent 4 unités du 3ᵉ ordre du nouveau système et 5 unités du 2ᵉ ordre.

Et la forme demandée est 451.

442. *Ce qui précède donne la Règle. — Pour passer du système décimal dans un autre, divisez la forme donnée par la nouvelle base écrite dans le système décimal; vous obtenez un quotient et un reste qui est le chiffre des unités du 1ᵉʳ ordre de la forme cherchée.*

Divisez de même le quotient par la nouvelle base et le reste de cette nouvelle opération est le chiffre des unités du 2ᵉ ordre de la forme demandée etc.

443. 2ᵉ Problème. — *Écrire dans le système décimal le nombre représenté par 653 dans le système dont la base est 7.*

1° Vous pouvez suivre la marche précédente et diviser successivement par dix écrit dans le système dont la base est sept c'est-à-dire sous la forme 13.

2° Vous pouvez aussi observer que le nombre proposé 653 peut s'écrire dans le système décimal,

$$6\times7^2+5\times7+3.$$

Et effectuer les calculs ainsi indiqués.

La forme la plus simple pour les effectuer est celle-ci:

$$(6\times7+5)7+3$$

444. *Elle donne cette Règle. — Pour écrire dans le système décimal un nombre donné dans un autre système,* multipliez le 1ᵉʳ chiffre à gauche de la forme donnée par la base de son système écrite dans le système décimal ajoutez le 2ᵉ chiffre au produit, multipliez cette somme par la même base et ajoutez à ce produit le 3ᵉ chiffre de la forme donnée et ainsi de suite jusqu'au dernier chiffre.

CHAPITRE III.

LES GRANDEURS PROPORTIONNELLES
Et les grandeurs inversement proportionnelles.

445. DÉFINITIONS. — *1° Une grandeur* A *qui dépend d'une autre* B *lui est proportionnelle si à chaque valeur de l'une* B *correspond une valeur unique et finie de l'autre* A *et si deux valeurs quelconques de l'une ont le même rapport que les deux valeurs correspondantes de l'autre.*

2° Une grandeur A *qui dépend de plusieurs autres* B, C, D....., *est proportionnelle à l'une d'elles* B *si, en faisant varier* B *seulement, la grandeur* A *lui est proportionnelle.*

446. THÉORÈME. — *Pour qu'une grandeur* A *soit proportionnelle à une autre* B, *il suffit qu'elles deviennent en même temps 2, 3,..... m, fois plus grandes ou plus petites.*

Soient a, a', deux valeurs de A

— b, b', les valeurs correspondantes de B

Nous distinguerons deux cas :

1° a et a' ont une commune mesure α.

Supposons-la contenue m fois dans a et m' fois dans a'

On a :

$$\frac{a}{a'} = \frac{m}{m'} \quad (1)$$

Appelons β la valeur de B qui correspond à la valeur α de A ;

Puisque $a = m\,\alpha$, on a aussi $b = m\,\beta$ par hypothèse ; de même puisque

$$a' = m'\alpha, \text{ on a aussi } b' = m'\beta$$

On en conclut

$$\frac{b}{b'} = \frac{m}{m'} \ (2) \text{ c'est-à-dire } \frac{b}{b'} = \frac{a}{a'}$$

2º a et a' n'ont pas de commune mesure.

Partagez a' en m parties égales et soit α l'une d'elles. Cette partie, qui n'est pas contenue exactement dans a, s'y trouvera comprise p fois par exemple avec un reste plus petit que α et on aura :

$$p\,\alpha < a < (p+1)\alpha \ (1)$$

D'où en divisant par a' ou $m\alpha$:

$$\frac{p}{m} < \frac{a}{a'} < \frac{p+1}{m} \ (2)$$

Mais puisque $a' = m\alpha$, on a aussi $b' = m\beta$, en appelant β la valeur de B qui correspond à la valeur α de a.

On a également

$$p\beta < b < (p+1)\beta \ (3)$$

Et par suite en divisant par b' ou $m\beta$,

$$\frac{p}{m} < \frac{b}{b'} < \frac{p+1}{m} \ (4)$$

Actuellement les deux rapports $\dfrac{a}{a'}$ et $\dfrac{b}{b'}$ étant compris entre les deux mêmes fractions

$$\frac{p}{m} \text{ et } \frac{p+1}{m}$$

dont la différence $\dfrac{1}{m}$ peut-être rendue aussi petite qu'on

veut, en prenant m assez grand, sont égaux ; car s'il y avait entre eux une différence d, on pourrait prendre m

assez grand pour avoir $\dfrac{1}{m} < d$ et deux nombres ayant

une différence égale à d pourraient être compris entre deux autres nombres dont la différence serait moindre que d, ce qui est absurde.

447. Définitions. — *1° Une grandeur* A *qui dépend d'une autre* B *lui est inversement proportionnelle si à chaque valeur de l'une correspond une valeur unique et finie de l'autre et si le rapport de deux valeurs quelconques de l'une égale l'inverse du rapport des valeurs correspondantes de l'autre.*

2° Une grandeur A *qui dépend de plusieurs autres* B, C, D, *est inversement proportionnelle à l'une* B *de celles dont elle dépend, quand en faisant varier seulement* B, *il arrive que* A *lui est inversement proportionnelle.*

448. *Par des raisonnements analogues à ceux déjà faits plus haut, on établit que pour que* A *soit inversement proportionnelle à* B, *il suffit que l'une d'elles devenant* 2, 3,.... m, *fois plus grande ou plus petite, l'autre devienne* 2, 3,.... m, *fois plus petite ou plus grande.*

449. Remarque importante.—Lorsque deux grandeurs sont proportionnelles, on peut en liant convenablement leurs unités faire que la mesure de l'une soit toujours égale à celle de l'autre. — Il suffit de prendre pour unités deux états correspondants des deux grandeurs.

C'est ainsi qu'on rend, en géométrie, la mesure de l'angle égale à celle de l'arc. — C'est ainsi qu'en physique la mesure de la densité d'un corps est égale à celle de son poids spécifique.

En général on ramènera, à l'aide de cette propriété la mesure des grandeurs à celle des grandeurs d'espèces principales.

Proportions.

450. Définition. — *1° On appelle rapport d'un nombre a à un autre b le quotient de la division de a par b*

c'est-à-dire $\dfrac{a}{b}$.

2° Deux rapports égaux réunis par le signe = *forment une proportion*

Ex. $\qquad \dfrac{3}{4} = \dfrac{6}{8}$

451. Notation. — Nous adoptons la notation générale

$$\frac{a}{b} = \frac{c}{d},$$

Dans laquelle a, b, c, d, représentent des nombres commensurables ou incommensurables. On l'énonce: a est à b comme c est à d.

a, b, c, d s'appellent encore : le 1er, le 2e, le 3e et le 4e terme de la proportion.

a et c sont le 1er et le 2e antécédent

b — d — 1er et le 2e conséquent

a — d — 1er et 2e extrême

b — c — 1er et 2e moyen.

La relation qu'une proportion établit entre ses 4 termes est susceptible de transformations remarquables que nous allons étudier.

452. THÉORÈME. — *Dans une proportion*

$$\frac{a}{b} = \frac{c}{d} \quad (1)$$

le produit ad des extrêmes égale le produit bc des moyens.

En effet elle peut s'écrire :

$$\frac{ad}{bd} = \frac{bc}{bd} \quad (2)$$

On a ainsi deux fractions égales de même dénominateur, donc leurs numérateurs sont égaux ou $ad=bc$.

C. Q. F. D.

453. Cette propriété détermine l'un des termes de la proportion quand les 3 autres sont connus.

454. DÉFINITION. — *La moyenne géométrique de deux nombres a, b, est le nombre qui occupe les deux moyens ou les deux extrêmes dans la proportion dont a et b sont les 2 autres termes.* Si on l'appelle x, elle est définie par la proportion

$$\frac{x}{a} = \frac{b}{x}$$

13

455. La propriété précédente donne $x^2 = ab$
ou $x = \sqrt{ab}$ *c'est-à-dire que la moyenne géométrique de deux nombres est égale à la racine carrée de leur produit.*

456. Théorème. — *Si le produit de deux nombres ad est égal au produit bc de deux autres, on peut écrire 8 proportions dont ces 4 nombres soient les termes, ou bien la relation ad=bc peut être mise de 8 manières sous forme de proportion.*

En effet si vous divisez les deux produits égaux successivement par bd, dc, ab, ac, vous trouvez :

$$\frac{ad}{bd} = \frac{bc}{bd} \quad \text{d'où} \quad \frac{a}{b} = \frac{c}{d} \ (1) \quad \text{et} \quad \frac{c}{d} = \frac{a}{b} \ (2)$$

$$\frac{ad}{dc} = \frac{bc}{dc} \quad » \quad \frac{a}{c} = \frac{b}{d} \ (3) \quad \text{et} \quad \frac{b}{d} = \frac{a}{c} \ (4)$$

$$\frac{ad}{ab} = \frac{bc}{ab} \quad » \quad \frac{d}{b} = \frac{c}{a} \ (5) \quad \text{et} \quad \frac{c}{a} = \frac{d}{b} \ (6)$$

$$\frac{ad}{ac} = \frac{bc}{ac} \quad » \quad \frac{d}{c} = \frac{b}{a} \ (7) \quad \text{et} \quad \frac{b}{a} = \frac{d}{c} \ (8)$$

La comparaison de ces proportions conduit aux propriétés suivantes :

1° *On peut changer l'ordre des moyens et celui des extrêmes.*

2° *On peut mettre les extrêmes à la place des moyens.*

3° *On peut mettre les antécédents à la place des conséquents etc.*

457. Théorème. — *Si deux proportions*

$$\frac{a}{b} = \frac{c}{d}, \quad \frac{a}{b} = \frac{e}{f}$$

on un rapport commun $\dfrac{a}{b}$, *les deux autres rapports forment une proportion.*

En effet deux rapports $\dfrac{c}{d}$, $\dfrac{e}{f}$ égaux à un 3ᵉ $\dfrac{a}{b}$ sont égaux entre eux.

CorollAIRE. — *Si deux proportions*

$$\frac{a}{b} = \frac{c}{d} \, , \; \frac{a}{e} = \frac{c}{f}$$

ont les mêmes antécédents, lès conséquents forment une proportion.

En effet on peut les écrire

$$\frac{a}{c} = \frac{b}{d} \; \text{et} \; \frac{a}{c} = \frac{e}{f}$$

et, en vertu du théorème précédent, on en tire $\dfrac{b}{d} = \dfrac{e}{f}$

C. Q. F. D.

De même, si les conséquents sont les mêmes, les antécédents sont les termes d'une proportion.

458. ThéorÈme. — *Dans toute proportion*

$$\frac{a}{b} = \frac{c}{d},$$

la somme des deux premiers termes est à la somme des deux derniers comme le 1ᵉʳ au 3ᵉ ou le 2ᵉ au 4ᵉ, c'est-à-dire que

$$\frac{a+b}{c+d} = \frac{a}{c} = \frac{b}{d}$$

En effet :

$$\frac{a}{b} + 1 = \frac{c}{d} + 1 ,$$

Donc

$$\frac{a+b}{b} = \frac{c+d}{d}$$

Et en changeant les moyens de place :

$$\frac{a+b}{c+d} = \frac{b}{d}$$

C. Q. F. D.

Corollaire. — *La somme des antécédents est à celle des conséquents comme un antécédent est à son conséquent.*

Changez les moyens de place et appliquez la transformation précédente.

459. Théorème. — *Dans une proportion*

$$\frac{a}{b} = \frac{c}{d} ,$$

la différence des 2 premiers termes est à celle des 2 derniers comme le 1ᵉʳ est au 3ᵉ ou le 2ᵉ au 4ᵉ, ou bien l'égalité

$$\frac{a}{b} = \frac{c}{d}$$

peut être transformée en

$$\frac{a-b}{c-d} = \frac{b}{d}$$

(en supposant a > b).

En effet,

$$\frac{a}{b} - 1 = \frac{c}{d} - 1, \text{ d'où : } \frac{a-b}{b} = \frac{c-d}{d} ;$$

Et enfin, en changeant les moyens de place :

$$\frac{a-b}{c-d} = \frac{b}{d} .$$

Si a est moindre que b on a :

$$1 - \frac{a}{b} = 1 - \frac{c}{d}, \text{ d'où : } \frac{b-a}{d-c} = \frac{b}{d} .$$

CONSÉQUENCE. — *La différence des antécédents est à celle des conséquents comme un antécédent est à son conséquent.* Changez les moyens de place et appliquez la transformation précédente.

460. THÉORÈME. — *Dans une proportion*

$$\frac{a}{b} = \frac{c}{d}$$

La somme des deux premiers termes est à leur différence comme la somme des deux derniers est à leur différence.

Autrement :

$$\frac{a}{b} = \frac{c}{d}$$

Peut se mettre sous la forme :

$$\frac{a+b}{a-b} = \frac{c+d}{c-d} .$$

En effet, on a :

$$\frac{a+b}{c+d} = \frac{b}{d} \text{ et } \frac{a-b}{c-d} = \frac{b}{d} ,$$

Donc

$$\frac{a+b}{c+d} = \frac{a-b}{c-d}.$$

D'où, en changeant les moyens de place :

$$\frac{a+b}{a-b} = \frac{c+d}{c-d}.$$

Cela suppose $a > b$. On voit facilement la modification à faire pour le cas $a < b$.

Conséquence. — *La somme des antécédents est à leur différence comme la somme des conséquents est à leur différence.* (Pour l'établir, on change les moyens de place et on applique ce qui précède).

461. Théorème. — *Les puissances de même dégré des termes d'une proportion*

$$\frac{a}{b} = \frac{c}{d}$$

Forment une proportion.

En effet,

$$\left(\frac{a}{b}\right)^{m} = \left(\frac{c}{d}\right)^{m} \quad \text{d'où:} \quad \frac{a^m}{b^m} = \frac{c^m}{d^m}.$$

462. Théorème. — *Les racines de même indice des termes d'une proportion*

$$\frac{a}{b} = \frac{c}{d}$$

Font une proportion.

En effet,

$$\sqrt{\frac{a}{b}} = \sqrt{\frac{c}{d}} \quad \text{ou} \quad \frac{\sqrt{a}}{\sqrt{b}} = \frac{\sqrt{c}}{\sqrt{d}}.$$

463. Théorème. — *Si on multiplie terme à terme plusieurs proportions*

$$\frac{a}{b}=\frac{c}{d}, \ \frac{a'}{b'}=\frac{c'}{d'} \ldots \text{etc.}$$

Les produits sont en proportion.

Car on a :

$$\frac{a}{b} \times \frac{a'}{b'} \times \ldots = \frac{c}{d} \times \frac{c'}{d'} \times \ldots$$

Ou

$$\frac{aa' \ldots}{bb' \ldots} = \frac{cc' \ldots}{dd' \ldots}$$

C. Q. F. D.

464. Théorème. — *Si on divise 2 proportions terme à terme*

$$\frac{a}{b}=\frac{c}{d}, \ \frac{a'}{b'}=\frac{c'}{d'},$$

Les quotients sont en proportion :

En effet :

$$\frac{\left(\dfrac{a}{b}\right)}{\left(\dfrac{a'}{b'}\right)}=\frac{\left(\dfrac{c}{d}\right)}{\left(\dfrac{c'}{d'}\right)} \ \text{ou} \ \frac{ab'}{ba'}=\frac{cd'}{dc'}$$

Qu'on peut écrire :

$$\frac{\left(\dfrac{a}{a'}\right)}{\left(\dfrac{b}{b'}\right)}=\frac{\left(\dfrac{c}{c'}\right)}{\left(\dfrac{d}{d'}\right)}$$

C. Q. F. D.

465. THÉORÈME. — *Dans une suite de rapports égaux la somme des antécédents est à la somme des conséquents comme un antécédent est à son conséquent.*

Soit

$$\frac{a}{b} = \frac{c}{d} = \frac{e}{f} = \frac{g}{h} \cdot$$

La proportion

$$\frac{a}{b} = \frac{c}{d} \ (1) \ \text{donne} : \ \frac{a+c}{b+d} = \frac{c}{d} \ \text{ou} = \frac{e}{f} \ (2).$$

La proportion (2) donne

$$\frac{a+c+e}{b+d+f} = \frac{e}{f} \ \text{ou} \ \frac{g}{h} \ (3)$$

Enfin cette dernière donne

$$\frac{a+c+e+g}{b+d+f+h} = \frac{g}{h}$$

C. Q. F. D.

466. THÉORÈME.— *Si des rapports sont inégaux, en divisant la somme des antécédents par celle des conséquents on obtient un rapport compris entre le plus grand et le plus petit des rapports proposés.*

Soit

$$\frac{a}{b} < \frac{c}{d} < \frac{e}{f} < \frac{g}{h}$$

Je dis qu'on a :

$$\frac{a}{b} < \frac{a+c+e+g}{b+d+f+h} < \frac{g}{h}$$

En effet, représentons $\dfrac{a}{b}$ par q ;

$$\dfrac{a}{b} = q \quad \text{donne} \quad a = bq$$

$$\dfrac{c}{d} > q \quad \text{donc} \quad c > dq$$

$$\dfrac{e}{f} > q \qquad e > fq$$

$$\dfrac{g}{h} > q \qquad g > hq$$

Par suite

$$\dfrac{a+c+e+g}{b+d+f+h} > q \text{ ou } \dfrac{a}{b} \cdot$$

On verrait de même que cette fraction est moindre que $\dfrac{g}{h} \cdot$

Conséquence. — *Une fraction* $\dfrac{a}{b}$ *se rapproche de 1 quand on ajoute le même nombre* m *à ses 2 termes.*

En effet, $\dfrac{a+m}{b+m}$ est comprise entre $\dfrac{a}{b}$ et $\dfrac{m}{m}$ ou 1.

467. Définition. — La moyenne arithmétique de plusieurs nombres a, b, c…. est le quotient de leur somme par leur nombre m ;

$$M = \dfrac{a+b+c…}{m}$$

Ce qui précède prouve qu'elle est comprise entre le plus petit et le plus grand des nombres proposés.

CHAPITRE IV

QUESTIONS SUR LES GRANDEURS PROPORTIONNELLES.

Règle de Trois.

468. DÉFINITION. — *Une règle de trois est un problème dans lequel 1° une grandeur* M *dépend de plusieurs autres* A, B:..., PQ..., *auxquelles elle est directement ou inversement proportionnelle. — 2° On donne un système de valeurs correspondantes,* m, a, b..., p, q... *de toutes ces grandeurs, 2° on demande la nouvelle valeur* m *que prend l'une d'elles* M, *quand les autres reçoivent de nouvelles valeurs*

$$a',\ b'\ldots.\ p',\ q'\ldots$$

Le problème est une règle de trois *simple et directe* si M dépend seulement d'une grandeur A et lui est proportionnelle. Elle est *simple et inverse* si M dépend d'une seule grandeur P et lui est inversement proportionnelle.

469. Le raisonnement le plus simple pour trouver le nombre inconnu consiste à chercher d'abord la valeur que prend la grandeur inconnue quand celles dont elle dépend sont égales à 1; c'est le raisonnement par la *réduction à l'unité*.

470. 1º RÈGLE DE TROIS SIMPLE ET DIRECTE.

La grandeur M dépend de A et lui est proportionnelle, la valeur m de M correspond à la valeur a de A quelle valeur m' correspond à a'?

J'observe que $\dfrac{m}{a}$ correspond à 1 puisque M est proportionnelle à A.

Donc $\dfrac{ma'}{a}$ correspond à a'

Et on a :
$$m' = \frac{ma'}{a} \cdot$$

471. 2º RÈGLE DE TROIS SIMPLE ET INVERSE.

M dépend de P et lui est inversement proportionnelle, la valeur m correspond à p, quelle valeur m' correspond à p'?

J'observe que mp correspond à 1

Donc $\dfrac{mp}{p'}$ correspond à p'

Et on a :
$$m' = \frac{mp}{p'}$$

472. 3º RÈGLE DE TROIS COMPOSÉE.

M dépend de A, B, P, Q. — M est proportionnelle a A et B; inversement proportionnelle à P et Q.

La valeur m correspond à $a, b, p, q,$
Quelle valeur m' » a',b',p',q'?

J'observe que : $\dfrac{m}{a}$ correspond à 1, b, p, q

$$\text{»} \qquad \dfrac{m}{ab} \qquad \text{»} \qquad 1, 1. \, p, \, q.$$

$$\text{»} \qquad \dfrac{mp}{ab} \qquad \text{»} \qquad 1, 1, 1, q$$

$$\text{»} \qquad \dfrac{mpq}{ab} \qquad \text{»} \qquad 1, 1, 1, 1$$

Telle est l'expression de la valeur que prend m, (quand les grandeurs dont elle dépend sont égales à 1), en fonction d'un système quelconque m, a, b, p, q, de valeurs correspondantes de toutes les grandeurs.

La loi de formation très simple de cette valeur nous en donne immédiatement une autre expression en fonction de m', a', b', p', q',

C'est $\qquad\qquad \dfrac{m'p'q'}{a'b'}$

Égalant ces deux formes du même nombre on a :

$$\dfrac{mpq}{ab} = \dfrac{m'p'q}{a'b'} ; \text{ ou } \dfrac{m}{m'} = \dfrac{abp'q'}{a'b'pq} , \text{ ou } m' = \dfrac{ma'b'pq}{abp'q'}$$

C'est le nombre cherché.

473. Ce raisonnement prouve en particulier qu'une grandeur proportionnelle à plusieurs autres est proportionnelle à leur produit car si M ne dépend que de A et B,

On a : $\qquad\qquad \dfrac{m}{m'} = \dfrac{ab}{a'b'}.$

Règles d'Intérêts.

474. Définition. — *L'intérêt* I *d'une somme d'argent* A *est ce qu'elle rapporte à celui qui la prête.* Il dépend du temps pendant lequel le capital reste entre les mains de l'emprunteur. On convient en outre de l'intérêt que devra rapporter une somme déterminée (100^f) en un temps déterminé (un an) c'est le taux de l'intérêt.

Convention. — On admet que l'intérêt est proportionnel au temps du placement, au taux et au capital placé. — Il est donc proportionnel à leur produit.

Une somme est placée à intérêts simples quand, à la fin de chaque année on en reçoit l'intérêt. Si on le laisse s'ajouter au capital pour produire de nouveaux intérêts, le capital est placé à intérêts composés.

Nous ne traiterons ici que les questions relatives aux intérêts simples.

375. Définition. — Soit A le capital, I l'intérêt, t le temps du placement, i le taux ou l'intérêt de 100 en 1 an; *on appelle règle d'intérêt toute question dans laquelle on se propose de trouver l'une de ces 4 quantités* (A, I, t, i) *connaissant les 3 autres.*

476. Toutes ces questions se résolvent simplement par la relation suivante.

I est l'intérêt de A pendant le temps t
i »   100^f »   1

Mais l'intérêt est proportionnel au produit du capital par le temps,

Donc :

$$\frac{\text{I}}{i} = \frac{\text{A}t}{100} \quad \text{d'où} \quad \text{I} = \frac{\text{A}it}{100} \quad (1)$$

477. On peut s'exercer à l'aide de questions numériques, ces problèmes sont de véritables règles de trois qu'on pourra résoudre par la réduction à l'unité.

Escompte.

478. DÉFINITION.— *L'escompte est la retenue que subit un billet dont on veut être remboursé avant l'échéance.*

479. DÉFINITION. —*L'escompte commercial ou en dehors est l'intérêt de la valeur nominale A du billet pour le temps t qui reste à courir jusqu'à l'échéance*

$$E = \frac{Ait}{100}$$

480. DÉFINITION. — *L'escompte en dedans est la différence entre la valeur nominale du billet et sa valeur le jour ou on veut en toucher le montant.* Soit A la valeur nominale, x la valeur actuelle, i le taux, t le temps qui reste à courir jusqu'à l'époque de l'échéance $\frac{xit}{100}$ est l'intérêt de la valeur actuelle x pendant ce temps t et on doit avoir :

$$x + \frac{xit}{100} = A$$

$$(100 + it)\, x = 100\,A$$

$$x = \frac{100\,A}{100 + it}$$

En appelant E' l'escompte dans ce cas :

$$E' = A - \frac{100\,A}{100 + it} = \frac{Ait}{100 + it}$$

E' est un peu plus petit que E.

481. DIFFÉRENCE DES 2 ESCOMPTES.

$$E - E' = \frac{Ait}{100} - \frac{Ait}{100+it}$$

$$= \frac{Ait-it}{100(100+it)} = \frac{Eit}{100+it} < \frac{Eit}{100}.$$

La différence n'est pas tout à fait l'intérêt de l'intérêt de valeur nominale.

Rentes sur l'État.

482. Lorsqu'on dit que la rente 3 pour 100 est à 67^{f}50, cela veut dire que pour 67^{f}50 on a un titre qui donne 3^f de rentes payés par le trésor.

Pour savoir à quel taux on place son argent en achetant un pareil titre on n'a qu'à chercher ce que rapportent 100^f.

Il faut joindre au prix d'achat du titre le droit de commission prélevé par l'agent de change qui fait l'opération.

Partages proportionnels.

PROBLÈME. — *Partager* A *en parties proportionnelles à a, b, c.*

On admet que les parts sont proportionnelles à la somme qu'on veut partager.

Si la somme à partager est :

$a+b+c$ les parts sont: a, b, c

$$1 \qquad » \qquad \frac{a}{a+b+c}, \quad \frac{b}{a+b+c}, \quad \frac{c}{a+b+c}$$

$$A \qquad » \qquad \frac{Aa}{a+b+c}, \quad \frac{Ab}{a+b+c}, \quad \frac{Ac}{a+b+c}$$

En appelant x, y, z les 3 parts cherchées

$$x = \frac{Aa}{a+b+c}, \quad y = \frac{Ab}{a+b+c}, \quad z = \frac{Ac}{a+b+c}$$

Si a, b, c, sont des fractions en les réduisant au même dénominateur, il suffira de partager proportionnellement aux numérateurs.

Règles de Société.

483. DÉFINITION. — *On appelle ainsi les problèmes dans lesquels on se propose de partager entre plusieurs associés le bénéfice ou la perte qui résulte d'une association.*

Les parts dépendent: 1º de la somme à partager; 2º des mises des associés ; 3º du temps pendant lequel chaque mise est restée dans l'association.

CONVENTION. — On admet qu'elles sont proportionnelles à la somme, aux mises et aux temps. Il en résulte qu'elles le sont aux produits des mises par les temps.

484. D'après cela, soit B la somme à partager,

m, la mise pendant le temps t du 1er associé

m' »   » t' » 2e   »

Le problème revient à partager B proportionnellement
à : $mt, m't'$.... etc.

Donc les parts sont :

$$x' = \frac{Bmt}{mt + m't' + ...} \qquad x'' = \frac{Bm't}{mt + m't' + ...}$$

Mélanges & Alliages.

485. Une règle de mélange est un problème dans
lequel on se propose l'une des 2 questions suivantes :

1er PROBLÈME. — *Connaissant les poids ou les volumes
A, B, C.. de différentes substances et les prix respectifs
a, b, c... de l'unité de poids ou de volume, trouver le prix
de l'unité de poids ou de volume du mélange.*

La 1re substance coûte $A\,a$

La 2e   » $B\,b$

La 3e   » $C\,c$

Donc le mélange coûte : $Aa + Bb + Cc$

Son poids ou son volume est $A + B + C$

Donc le prix x de l'unité est :

$$x = \frac{Aa + Bb + Cc}{A + B + C +}$$

2e PROBLÈME. — *Dans quel rapport faut-il mêler deux
substances dont les unités de poids ou de volume coûtent
respectivement a et b pour que l'unité du mélange coûte c.*

Soient x et y les volumes et les poids qu'il faut prendre.

14

Le prix de la première sera ax

»   deuxième » by

Le prix du mélange   » $ax+by$

Le prix de l'unité   » $\dfrac{ax+by}{x+y}$

Or il faut que ce prix soit égal à c, donc on doit déterminer x et y par la condition.

$$\frac{ax+by}{x+y} = c \quad \text{ou} \quad ax+by = cx+cy$$

Ou $$(a-c)\,x = (c-b)\,y$$

On en tire : $$\frac{x}{y} = \frac{c-b}{a-c} \quad (1)$$

On réduira $\dfrac{c-b}{a-c}$ à sa plus simple expression; si on trouve $\dfrac{3}{4}$ par ex. cela voudra dire qu'il faut prendre 3 unités de la 1re substance avec 4 de la 2e.

486. On appelle alliage le mélange de plusieurs métaux fondus ensemble. Le titre d'un alliage relatif à l'un des métaux et le rapport du poids a de ce métal au poids A du lingot. Si on l'appelle t, on a par définition $t = \dfrac{a}{\text{A}}$.

On en tire $a = \text{A}t$ qui donne le poids du métal considéré quand on connaît le poids du lingot et son titre.

487. Les règles d'alliage sont les problèmes dans lesquels on se propose de résoudre l'une des deux questions suivantes :

1er PROBLÈME. — *Connaissant les titres de plusieurs lingots (alliages) par rapport à un même métal, trouver le titre du lingot obtenu en les fondant ensemble*

Soient

A, A′, A″... leurs poids

t, t', t''... leurs titres respectifs

Le poids du métal considéré est pour le 1er A t

    »   »   2e A′ t'

    »   »   3e A″ t''

Le poids du métal en question, dans l'alliage total sera :

$$At + A't' + A''t''$$

D'un autre côté les poids de l'alliage formé sera :

$$A + A' + A''$$

Donc en appelant T son titre

On a :
$$T = \frac{Aa + A'a' + A''a''}{A + A' + A''}$$

2e *Dans qaelle proportion faut-il prendre 2 alliages de titres connus t, t′, pour en avoir un 3e dont le titre soit T.*

Soient x, y les poids à prendre

Le poids du métal fin du 1er lingot sera tx

    »   2e $t'y$

Le poids total de ce métal sera : $tx + t'x$

Le poids de l'alliage formé sera : $x + y$

Donc on devra avoir

$$T = \frac{tx + t'y}{x + y}$$

On en tire successivement :

$$Tx + Ty = tx + t'y$$

$$(T - t)\, x = (t' - T)\, y$$

$$\frac{x}{y} = \frac{t' - T}{T - t}$$

(Il faut que T soit compris entre t' et t pour que le problême soit possible).

FIN.

Imp. DERENNE à Mayenne — Maison à Paris, Rue Caumartin. 71.

TABLE DES MATIÈRES.

LIVRE I.

Les nombres entiers.

CHAPITRE I.

CHAPITRE II.

CHAPITRE III.

CHAPITRE IV.

CHAPITRE V.

CHAPITRE VI.

CHAPITRE VII.

LIVRE II.

Les Fractions.

CHAPITRE I.

CHAPITRE II.

CHAPITRE III.

CHAPITRE IV.

CHAPITRE V.

Mayenne imp. DERENNE. — Maison à Paris, rue Caumartin, 71.

ERRATA.

  3 Nᵒ 9 supprimez dix-sept.

29 Nᵒ 86 ajoutez: etc.

32 Nᵒ 97 4ᵉ ligne, mettez: en effet.

34 2ᵉ ligne *lisez:* $N = ab\,(cq'' + r'') + ar' + r$.

48 Nᵒ 150, dernière ligne, *lisez:* $N = 2 \times 3 \times 5 \times \ldots\ldots \times p + 1$, sans parenthèses.

50 Nᵒ 154, *lisez:* les puissances A^m et B^p.

94 Egalité (3), *lisez:* $a = 0{,}362362\ldots\ldots 362 + \dfrac{362}{1000^n}$

111 Nᵒ 297 2ᵉ ligne, *lisez:* cherchez la racine carrée du produit à moins d'une unité et divisez la par n

127 5ᵉ ligne, *lisez:* auxquelles
6ᵉ ligne, *lisez:* appelées.

139 3ᵉ ligne, au lieu de 3,141592 *lisez:* 3,1415
Au lieu de 0,42857 *lisez:* 0.4285

144 9ᵉ ligne, *lisez:* sera égal ou supérieur à p.

146 Au lieu de: $\dfrac{1}{100}$ ou U, *lisez:* $\dfrac{1}{100}$ de U.

161 17ᵉ ligne: au lieu de $a < 10^{2m}$, *lisez:* $a > 10^{2m}$.

162 21ᵉ ligne: au lieu de $R = N - (a+q+1)^2$ *lisez:*
$$R = N - (a+q-1)^2$$

166 19ᵉ ligne, au lieu de le pre, *lisez:* le premier.

170 3ᵉ ligne, au lieu de une autre, *lisez:* une autre.

173 7ᵉ ligne, au lieu de les plus, *lisez:* le plus ordinairement.

186 3ᵉ ligne, *lisez:* scrupule